Mémento du béton cellulaire

Ce livre a été écrit par : Christian Guegan,
Philippe Legras, Jean-François Mazzoleni, Christian Colin,
Thomas Breiner et Nicolas Foussier.

Christian Guegan est président du SFBC. Après un passage de plusieurs années chez un cimentier national, il rejoint Siporex en 1988, société au sein de laquelle il occupe différents postes en recherche, développement, qualité et production. Aujourd'hui il assure la fonction de directeur technique du groupe Xella Thermopierre.

Philippe Legras rentre chez Ytong en 1999 après un passage dans l'étanchéité, pour réorganiser les bureaux d'études et mettre en place la formation auprés des entreprises. Pragmatique et homme de terrain quand il le faut, il assure aujourd'hui la fonction de responsable des techniques appliquées du groupe Xella Thermopierre.

Jean-François Mazzoleni est dessinateur projeteur de formation. Il a consacré sa carrière au béton cellulaire chez Siporex. Il a pu ainsi apporter sa précieuse expérience à la rédaction de cet ouvrage. Aujourd'hui il assure la responsabilité des bureaux d'études du groupe Xella Thermopierre.

Christian Colin, Thomas Breiner et Nicolas Foussier sont membres de l'ESTP. Christian Colin est enseignant. Thomas Breiner et Nicolas Foussier sont élèves ingénieurs. Grâce à leur concours et leur travail de collecte, analyse et formalisation, l'idée est devenue un projet qui a servi de base à la rédaction définitive de cet ouvrage.

Syndicat national du béton cellulaire

Mémento du béton cellulaire
Données de base pour la conception et la réalisation

EYROLLES

ÉDITIONS EYROLLES
61, bd Saint-Germain
75240 Paris CEDEX 05
www.editions-eyrolles.com

À René Furgeaud…

Précurseur des travaux réalisés
par le Syndicat national des fabricants de béton cellulaire.

REMERCIEMENTS

Cet ouvrage doit beaucoup aux travaux réalisés en collaboration avec l'ESTP. À ce titre nous tenons à remercier :

M. Merlet Directeur technique du CSTB qui aura pris le temps de lire le document et d'y apporter son éclairage.

M. Faucon et M. Sauvage du Cerib pour leur analyse et leur contribution.

M. Morel et M. Colin, enseignants de l'ESTP pour l'accompagnement et leur aide sur ce projet.

M. Breiner et M. Foussier élèves ingénieurs de l'ESTP qui sont à l'origine du rapport de stage qui a servi de base à l'élaboration du projet.

M. Bozon, ingénieur des Mines qui a su nous encourager et nous épauler.

M. Legras et M. Mazzoleni de la société Xella Thermopierre qui ont apporté leur expérience et leur volonté pour voir aboutir cet ouvrage.

À tous un grand merci.

Le président du SFBC

C. Guegan

PRÉFACE

Originaire de l'Europe du Nord, le béton cellulaire a été introduit en France dans l'immédiat après-guerre, à l'époque de la reconstruction. Après quoi il a subi une éclipse en grande partie due à un déficit d'information de ses utilisateurs, lacune qui avait dès lors conduit à des mécomptes parfaitement explicables pour un produit innovant et somme toute assez particulier.

C'est en grande partie en y remédiant que le béton cellulaire autoclavé a connu un redémarrage dès les années 60 et, sans connaître le niveau de développement atteint dans d'autres pays comme l'Allemagne, a compté en France jusqu'à cinq centres de production, tous produits armés et non armés confondus.

On peut ajouter que dans l'optimisation du compromis résistance mécanique/masse volumique (un des indicateurs de la performance thermique escomptée), les branches françaises de cette industrie largement internationale n'ont pas à rougir de la qualité des résultats obtenus : elles se sont en effet le plus souvent trouvées en tête du peloton dans la course à la performance.

C'est dans ce contexte qu'il convient de saluer l'initiative prise par l'industrie du béton cellulaire autoclavé de proposer aux utilisateurs de ce matériau très particulier les données indispensables à une application pertinente aux constructions qu'ils envisagent.

Véritable « manuel » (au sens du *handbuch* de nos voisins) inventoriant les divers aspects tant du matériau que des produits élaborés pour les différentes formes de son utilisation dans la construction, cet ouvrage est ainsi susceptible de fournir les réponses aux questions que ne manqueront pas de se poser les différents acteurs de la filière construction. À noter qu'au-delà des caractéristiques classiques disponibles pour tout matériau de construction, les rédacteurs ont également introduit les éléments de nature à apporter des réponses adaptées à la notion remise au goût du jour de développement durable : c'est en particulier le cas de la synthèse des études récentes qui ont permis de faire le point sur les aspects d'environnement et de santé.

Le bilan somme toute positif que ces mêmes études permettent de tirer, ajoute un attrait de plus à cette technique axée sur l'isolation répartie et qui de ce fait permet de traiter en simple paroi l'enveloppe des constructions : il engage ainsi le constructeur sur la voie de réponses adaptées à la réalisation de bâtiment offrant à ses occupants tout au long de l'année d'intéressantes qualités de confort.

Jean-Daniel Merlet

TABLE DES MATIÈRES

X

CHAPITRE 1

CARACTÉRISTIQUES GÉNÉRALES

Le béton cellulaire est un produit à base de matières premières provenant exclusivement de matériaux minéraux (fig. 1.1). C'est un produit que l'on classe dans la catégorie des matériaux de construction dits « propres », dans la mesure où 100 kg de matière suffisent à produire 1 m^2 de maçonnerie de 25 cm d'épaisseur conforme aux réglementations en vigueur pour la construction de maisons individuelles. La fabrication du béton cellulaire ne nécessite en moyenne que 250 kWh/m^3.

La fabrication du béton cellulaire ne libère aucun produit polluant, que ce soit dans l'air, dans l'eau ou dans la terre. De plus, grâce à un recyclage à chaque phase de la fabrication, il n'y a pas de gaspillage de ressources (matières premières, eau, énergie).

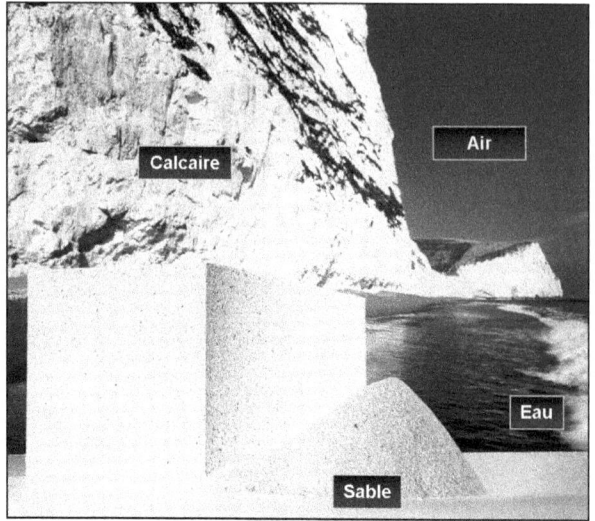

Fig. 1.1 • *Composition du béton cellulaire*

Un matériau moderne. La fabrication du béton cellulaire est hautement industrialisée et permet la production d'un matériau de construction fini aux dimensions précises, aisé à mettre en œuvre.

Un matériau léger, solide et isolant. Le béton cellulaire est rempli d'une multitude de bulles d'air emprisonnées dans des cellules qui lui confèrent légèreté, pouvoir d'isolation thermique et acoustique ainsi qu'une solidité permettant la réalisation de constructions d'une grande diversité.

Un matériau isotrope. Les propriétés physiques et mécaniques du matériau sont conservées quels que soient l'orientation ou les découpes faites sur le produit. Ainsi l'homogénéité de la structure est parfaite.

Ce matériau, à la fois **traditionnel et moderne,** est adapté à la majorité des constructions, aussi bien pour l'habitat individuel ou collectif que pour les bâtiments industriels ou tertiaires.

1. Historique

Le béton cellulaire est issu de longues recherches, entamées il y a plus de 150 ans. À cette époque, Zernikov étudie des mortiers à base de chaux vive et de sable portés à haute température. Malheureusement, ses travaux ne donnent pas de résultats. Pourtant cette idée ne tombera pas aux oubliettes, et les recherches qui vont suivre permettront d'aboutir à la fabrication du béton cellulaire.

Le béton cellulaire moderne naît de la combinaison de deux techniques : la **porogénèse** et l'**autoclavage**. Ces deux techniques étant appliquées à un mélange eau + sable + chaux, inspiré des travaux de Zernikov.

Tab. 1.1 • _Chronologie_

Découverte du procédé			Commercialisation	
Année	**1880**	**1889**	**1914**	**1924**	**1927**
Créateur	W. Michaelis	E. Hoffman	J.W. Aylsworth F.A. Dyer	J.A. Eriksson	J.A. Eriksson
Composition	Mortier Chaux vive Sable	Ciment Plâtre Eau	Chaux Eau	Chaux Ciment Eau Gypse Sable	Chaux Ciment Eau Gypse Sable
Procédés	Eau sous haute pression et vapeur d'eau saturée	Réaction entre acide chlorhydrique et poudre de calcaire	Réaction entre une poudre métallique et la chaux	Réaction entre une poudre métallique et la chaux	Réaction entre une poudre métallique et la chaux
Commentaires	Création de silicate de calcium hydraté (CSH°, composé à la base des matériaux de construction)	Création de bulles d'air. Dépose le brevet de cette technique	Dégagement d'hydrogène gazeux permettant le gonflement du mortier	Première production de béton cellulaire	Ajout de la technique d'autoclavage et création du béton cellulaire moderne

De nos jours, ce procédé est diffusé à travers le monde. Il est entièrement automatisé et répond aux exigences les plus pointues dans le domaine de l'environnement et du respect de la nature.

Les usines implantées en France fabriquent un produit répondant aux normes actuelles de la construction. Elles sont en outre certifiées ISO 9001.

2. Composition

Le béton cellulaire est un matériau silico-calcaire autoclavé, constitué uniquement de matériaux minéraux :

Sable	≈ 65 %
Ciment	≈ 20 %
Chaux	≈ 15 %
Gypse	≈ 1 %
Agent d'expansion	≈ 0,05 %

Ces pourcentages moyens sont exprimés en masse. Ils peuvent varier en fonction de la masse volumique recherchée.

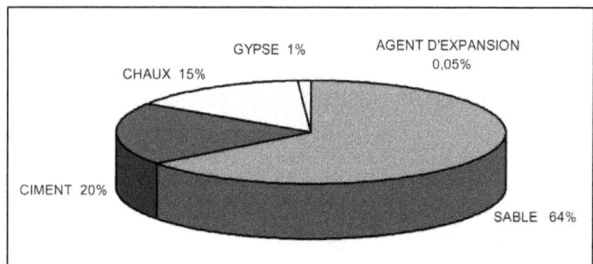

GYPSE 1%   AGENT D'EXPANSION 0,05%
CHAUX 15%
CIMENT 20%
SABLE 64%

De nombreuses réactions se produisent au cours du processus de fabrication du béton cellulaire. De façon schématique, elles conduisent à la formation de CSH (silicate de calcium hydraté), ou tobermorite, qui confère sa structure au béton cellulaire.

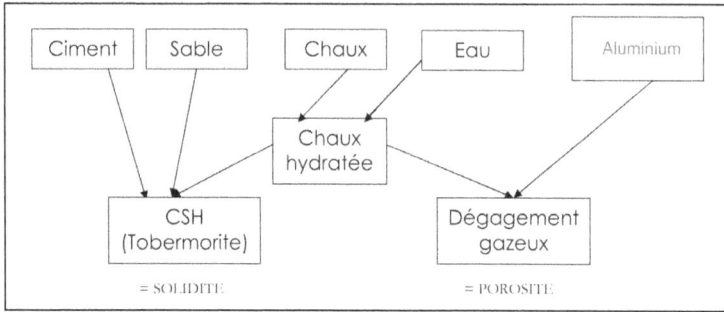

On y incorpore parfois du gypse, qui agit comme régulateur de prise au cours de la phase de coulée, levée et durcissement.

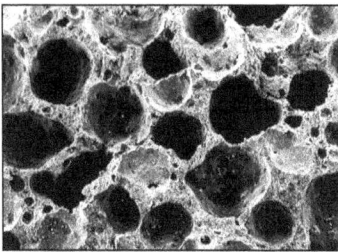

Fig. 1.2 • *Vue au microscope : 25 fois et 5 000 fois*

Au final, le béton cellulaire est constitué d'environ 80 % d'air et de 20 % de matière.

En fonction de la quantité de matière et de la composition utilisée, les performances physiques et mécaniques du produit peuvent être adaptées à l'usage demandé. Pour les usages courants, la masse volumique se situe entre 400 et 500 kg/m^3.

3. Fabrication

Les produits en béton cellulaire sont exclusivement fabriqués en usine. Les unités de production sont automatisées. Tout est contrôlé en permanence, depuis l'entrée des matières premières jusqu'à la sortie des éléments sur des palettes prêtes à être expédiées. Ce procédé garantit une haute qualité et une constance du produit.

Les produits en béton cellulaire sont classés en deux catégories principales : les « blocs », destinés à la maçonnerie (exemple : construction d'habitations, petits collectifs) et les « éléments armés » tels que dalles de plancher, toitures, bardages, etc., destinés essentiellement à la construction de bâtiments industriels.

Les étapes principales de la fabrication sont les suivantes :
– préparation, dosage et malaxage des matières premières ;
– fabrication et traitement anticorrosion des armatures (étape propre aux éléments armés) ;
– préparation des moules ;

– coulée, levée et durcissement de la pâte ;
– découpage et profilage des produits ;
– autoclavage ;
– conditionnement : mise en palettes et sous housses plastiques rétractables (houssage uniquement pour les blocs).

La Fabrication du béton cellulaire

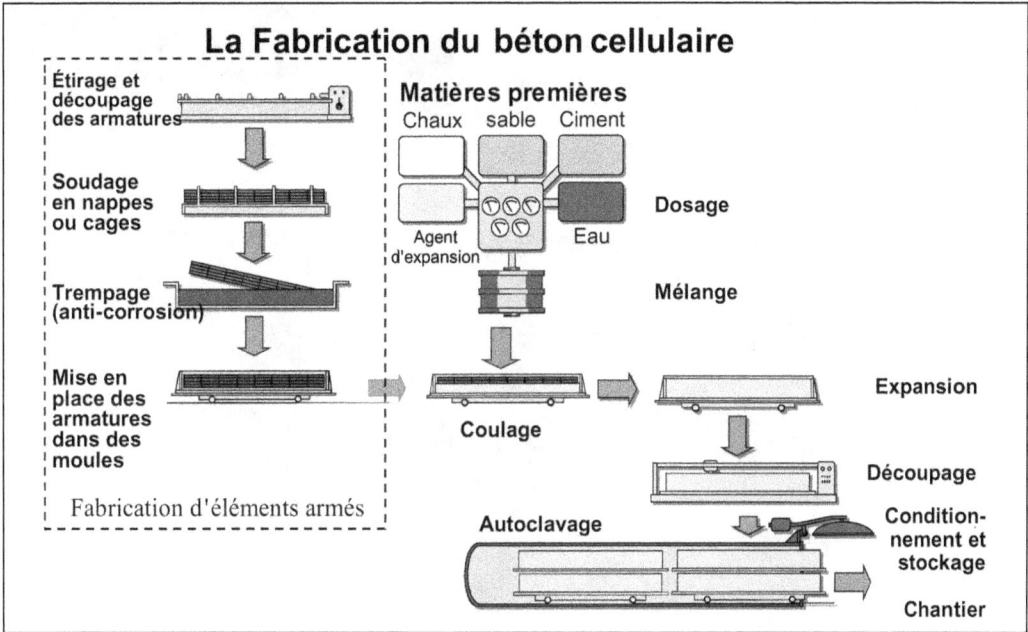

Fig. 1.3 • _Fabrication du béton cellulaire_

3.1. Préparation, dosage et malaxage des matières premières

Les usines sont généralement implantées à proximité des carrières de sable. Les matières premières sont acheminées par la route. Elles sont stockées sur le site de production en silos (ciment, sable et chaux) ou en fûts (aluminium).

À chaque nouvel arrivage de matières premières, des prélèvements sont effectués afin d'en contrôler la qualité et d'ajuster les formulations. Le sable fait l'objet d'un broyage, à sec ou en présence d'eau, avant utilisation.

Les matières premières sont dosées précisément en fonction de la masse volumique souhaitée pour le béton cellulaire, puis mélangées dans un grand malaxeur. L'Aluminium sera ajouté au dernier moment, car il réagit très vite.

3.2. Fabrication et traitement anticorrosion des armatures

Cette phase est propre aux éléments armés. Elle consiste à préparer les nappes d'armatures à partir des bobines d'acier. Elle comprend le déroulage, l'étirage et le soudage.

Les nappes sont assemblées, puis traitées contre la corrosion par trempage dans un bain de résine avant d'être séchées. Elles seront ensuite positionnées avec précision dans les moules au moyen d'entretoises.

3.3. Préparation des moules

Les moules à faces amovibles sont brossés et huilés pour faciliter le démoulage. Leur capacité varie entre 4,5 et 8 m^3. Pour les produits armés, les armatures sont positionnées avant la coulée du béton.

Fig. 1.4 • *Traitement anticorrosion des armatures*

Fig. 1.5 • *Préparation des moules*

3.4. Coulée, levée et durcissement de la pâte

Au terme du malaxage, le mélange est coulé dans le moule, qui sera partiellement rempli. L'aluminium réagit en provoquant un dégagement gazeux (hydrogène) qui aura pour conséquence de faire lever la pâte (comme un gâteau) en créant des cellules sphériques et fermées, caractéristiques du béton cellulaire. En fin de levée, le moule est complétement rempli par la pâte.

Fig. 1.6 et 1.7 • *Levée et durcissement*

Après la levée de la pâte commence la phase de durcissement ; au bout de quelques heures, le produit atteint une dureté suffisante pour être démoulé.

3.5. Découpage et profilage des produits

Les produits en béton cellulaire sont découpés à l'aide de fils d'acier. L'écartement entre les câbles est préalablement réglé en fonction de la dimension du type de produit désiré.

Les blocs et les éléments armés sont profilés afin de permettre l'emboîtement pendant la construction. Des « poignées » sont creusées dans les blocs pour faciliter leur manutention.

Fig. 1.8 • _Basculement_

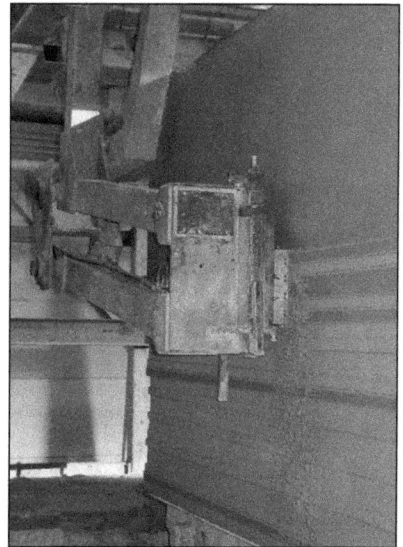

Fig. 1.9 • _Coupe en épaisseur_

Fig. 1.10 • *Coupe en hauteur*

3.6. Autoclavage

Les produits semi-finis obtenus passent ensuite à l'autoclave. Ce procédé est un traitement hygro-thermique à une température de 180 °C et sous une pression de 10 bars. Dans ces conditions, une réaction physico-chimique se produit entre la chaux et le sable, donnant naissance à la tobermorite, issue de la cristallisation des CSH (silicates de calcium hydratés).

Le béton cellulaire atteint ainsi ses propriétés mécaniques définitives, qui ne dépendent plus que de l'humidité relative du matériau (4 % en masse à l'état d'équilibre).

Fig. 1.11 et 1.12 • *Autoclaves*

3.7. Conditionnement

Les blocs sont contrôlés et triés avant mise sur palettes. Ils sont ensuite emballés sous des housses en plastique thermo-rétractable. Les éléments armés sont conditionnés en paquets.

Fig. 1.13 • *Mise sous housse rétractable*

4. Principales utilisations

Nous développerons dans cet ouvrage les applications du béton cellulaire dans la construction. Citons les plus courantes.

Pour **les blocs non armés** : murs porteurs, cloisons non porteuses, murs de refend, cloisons et murs coupe-feu, et tous les petits travaux d'aménagement ou de réhabilitation.

Pour **les éléments armés** : le bardage, le compartimentage coupe-feu, les toitures, les planchers.

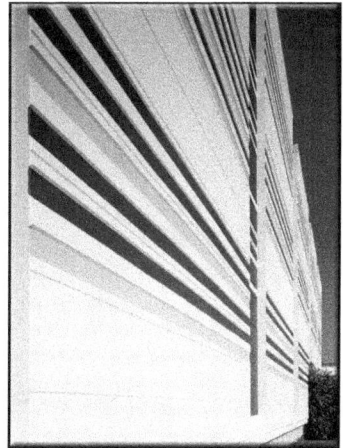

Fig. 1.14 • *Sony Music, Asnières (93)*

Fig. 1.15 • *Petits collectifs, Normandie (76)*

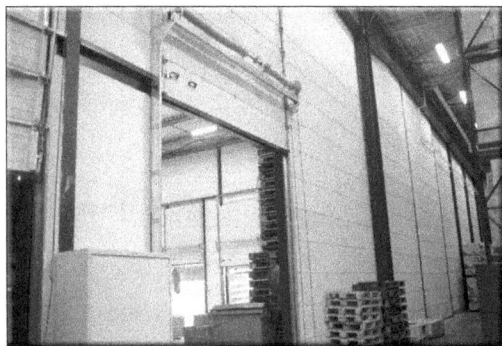

Fig. 1.16 • *Bâtiments Egetra, Goussainville (95)*

Fig. 1.17 • *CES La Charme, Clermont-Ferrand (63)*

Fig. 1.18 • *Petit collectif Zac St Lazare, Limoges (87)*

CHAPITRE **2**

PROPRIÉTÉS
ET COMPORTEMENT
MÉCANIQUE

1. Généralités

1.1. Références normatives

Construire avec des blocs en béton cellulaire nécessite de connaître le comportement mécanique de ce matériau. Plusieurs paramètres permettent de caractériser la maçonnerie non armée en béton cellulaire :
- le dimensionnement des murs, planchers, toitures… ;
- la résistance à la compression ;
- la résistance à la traction par flexion ;
- la résistance au cisaillement ;
- les modules d'Young et d'élasticité.

Ces caractéristiques sont définies par des normes. Le tableau 2.1 précise les caractéristiques définies dans la norme européenne « éléments de maçonnerie en béton cellulaire autoclavé » et son complément NF national.

Le marquage CE

C'est un marquage réglementaire et obligatoire, apposé par le fabricant d'un produit soumis à des directives européennes. Ce marquage, dont l'entrée en vigueur se fait progressivement, permet aux produits certifiés de circuler librement entre les États membres. Il est également censé simplifier les contrôles des autorités.

$\mathsf{C}\,\mathsf{E}$

Le marquage CE, même s'il est obligatoire, n'est pas un marquage de qualité mais un marquage de conformité. L'apposition du marquage CE permet au produit concerné de circuler librement dans l'Union Européenne mais ne garantit en aucun cas à l'utilisateur que le produit acheté possède les caractéristiques nécessaires pour l'emploi envisagé. C'est à l'acheteur de s'assurer de l'adéquation à l'emploi par un choix judicieux des produits.

Les produits de construction doivent se soumette à la nouvelle directive européenne 89/106 qui définit six exigences essentielles, identifiées et mesurées de façon identique partout en Europe :
- la résistance mécanique et stabilité ;
- la sécurité en cas d'incendie ;
- l'hygiène, la santé et l'environnement ;
- la sécurité d'utilisation ;
- la protection contre le bruit ;
- l'économie d'énergie et l'isolation thermique.

Le marquage CE des blocs en béton cellulaire s'appuie sur la norme européenne EN 771-4 définissant les critères de conformité et les caractéristiques faisant l'objet du marquage.

Remarque

Contrairement au marquage CE, les marques NF ou CSTBat sont des marques de qualité qui garantissent un niveau de performance du matériau ou du système constructif ; elles facilitent le choix du produit adéquat en vue d'une utilisation dans le respect des réglementations et des documents de mise en œuvre en vigueur, respectivement DTU 20.1 (par exemple) et avis techniques qui y font référence.

Tab. 2.1 • *Caractéristiques définies par la norme européenne*

		NF EN 771-4 (P 12-024-1)		NF P 12-024-2	
		Spécifications	Modalités d'essais	Spécifications complémentaires	Modalités d'essais
Matières premières et fabrication		4.2		Cf. NF EN 771-4	
Dimensions et tolérances	Dimensions			5.2.1	Cf. NF EN 772-16
	Tolérances			5.2.2	
Configuration	Géométrie	5.3		Cf. NF EN 771-4	
	Aspect			5.3.1	
	État de surface			5.3.2	
	Blocs accessoires			5.3.3	
Masse volumique	Masse volumique apparente sèche	5.4.1	Cf. NF EN 772-13	Cf. NF EN 771-4	
	Masse volumique absolue sèche			5.4.2	Cf. NF EN 772-13
	Tolérances admissibles			5.4.3	
Résistance mécanique	Résistance à la compression			5.5	Cf. NF EN 772-1
Propriétés thermiques				5.6	Cf. NF EN 1745
Durabilité		5.7		Cf. NF EN 771-4	
Variations dimensionnelles				5.8	Cf. NF EN 680
Perméabilité à la vapeur d'eau		5.9	Cf. NF EN 1745	Cf. NF EN 771-4	
Absorption d'eau par capillarité				5.10	Cf. NF EN 772-11
Réaction au feu		5.11	Cf. NF EN 13501-1	Cf. NF EN 771-4	
Adhérence (bloc/colle)		5.12	Cf. NF EN 998-2	Cf. NF EN 771-4	
Description et désignation		6.1		Cf. NF EN 771-4	
Classification				6.2	
Marquage				7	
Évaluation de conformité				8	

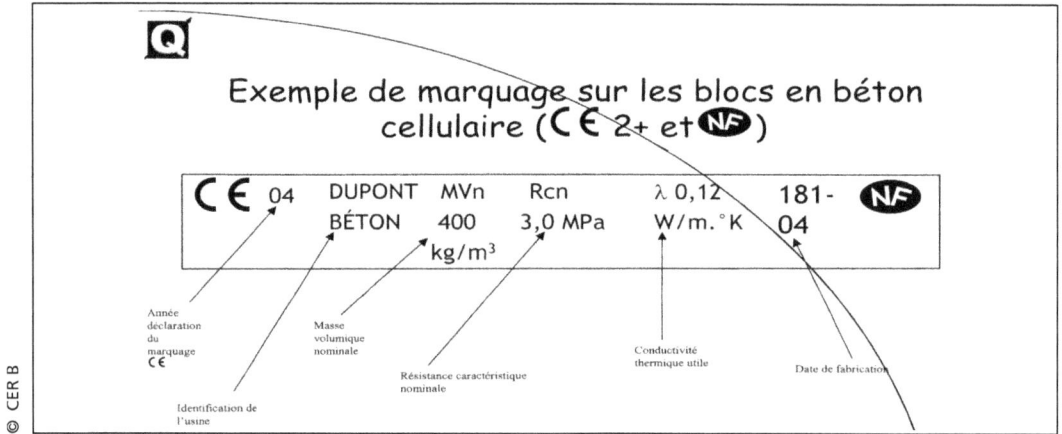

Fig. 2.1 • *Exemple de marquage CE associé au marquage NF**

1.2. *Valeurs caractéristiques*

Elles sont définies dans la norme EN 771-4 et complétées si nécessaire dans le complément national auquel se réfère le marquage NF.

Les dimensions des blocs, exprimées en centimètres, doivent respecter les tolérances indiquées dans le tableau 2.2.

Tab. 2.2 • *Tolérances admissibles pour des blocs standards en mm*

| Dimensions | Éléments en BCA destinés à être montés | | |
	Mortier ordinaire et léger	Mortier pour joints minces (1) blocs de type A	Mortier pour joints minces (1) blocs de type B
Longueur	+ 3/–5	± 3	± 1,5
Hauteur	+ 3/–5	± 2	± 1
Largeur	± 3	± 2	± 1,5
Planéité des faces de pose	Aucune exigence	Aucune exigence	≤ 1
Parallélisme des faces de pose	Aucune exigence	Aucune exigence	≤ 1

(1) Le mortier colle est identique pour les blocs de type A ou B.

La **masse volumique nominale** (M_{vn}) s'exprime en kg/m^3 et est déterminée conformément à la norme EN 772-13. La masse volumique nominale correspond à la masse volumique sèche apparente (M_{vsa}) ; elle est comprise entre 350 kg/m^3 et 800 kg/m^3 pour les blocs destinés au marché français.

On admet pour cette masse volumique nominale une tolérance de ± 50 kg/m^3, conformément à la norme EN 771-4. Cependant, le complément national impose une tolérance plus étroite, de ± 25 kg/m^3.

$$M_{vn} - 25 < M_{vsa} < M_{vn} + 25$$

La **résistance caractéristique nominale** (R_{cn}) correspond à la valeur de la résistance en compression des blocs, mesurée sur éprouvettes à l'état sec. Elle s'exprime en Mégapascals (MPa) ou en N/mm^2. Sa valeur minimale est fixée à 3 MPa dans le complément national.

2. Structure

Le béton cellulaire présente des cellules de petite taille ($\leq$ 2 mm), sphériques et réparties de façon régulière dans la masse.

Cette structure alvéolaire répartit de façon homogène les contraintes au niveau des parois.

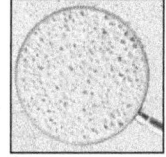

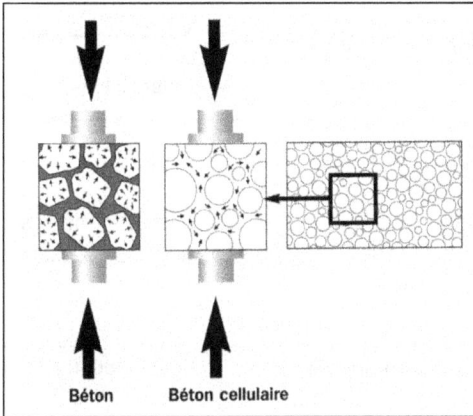

Fig. 2.2 • _Principe du transfert des contraintes_

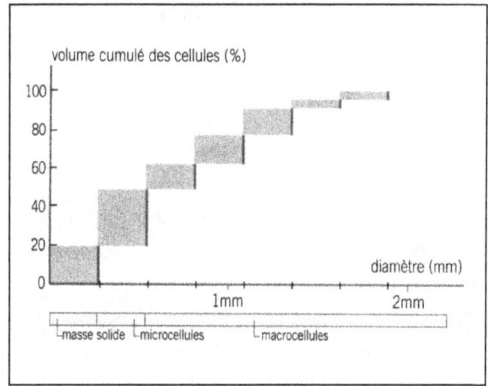

Fig. 2.3 • _Répartition des cellules_

3. Résistance à la compression

La résistance à la compression augmente avec la masse volumique. En effet, les cellules sont plus petites dans un béton cellulaire de forte densité, ce qui accroît la largeur de leur paroi, et par conséquent leur résistance. Cette caractéristique essentielle est clairement précisée dans le complément national à la norme EN 771-4.

Correspondance entre M_{vn} et R_{cn}									
M_{vn} en kg/m^3	350	400	450	500	550	600	650	700	750	800
R_{cn} en MPa	3,0	3,0	3,5	4,0	4,5	5,0	5,5	6,0	6,5	7,0

La résistance en compression mesurée sur éprouvette doit être au moins égale en moyenne à la valeur de la résistance caractéristique nominale R_{cn} pour le fractile 0,05. En outre, elle ne doit pas être inférieure à 0,8 fois la valeur de la résistance caractéristique nominale (fig. 2.4).

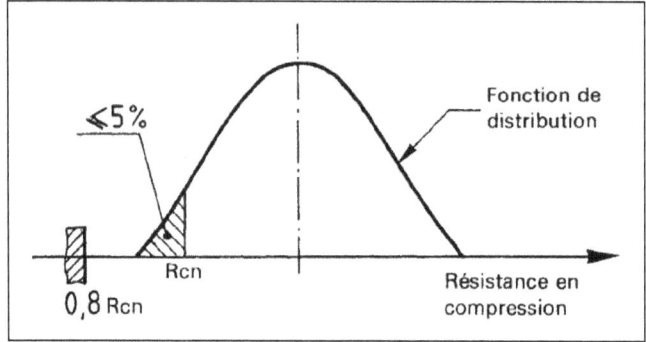

Fig. 2.4 • *Résistance en compression*

Influence d'un séjour prolongé dans l'eau : un essai a été réalisé en Allemagne pour déterminer l'évolution mécanique du béton cellulaire plongé dans l'eau. Les résultats ci-dessous montrent qu'à teneur en humidité identique, le produit retrouve ses performances initiales.

Tab. 2.3 • *Influence de l'eau sur le béton cellulaire*

Conditions et durée de stockage	Résistance en compression (valeur moyenne en MPa)	% de variation par rapport à la valeur nominale	% d'humidité du matériau au moment du test
Sec Hr = 40 à 50 % t = 10 ans	3,28	13	2,7
Hr = 100 % t = 10 ans	2,9	0,2	5,3
Dans l'eau t = 10 ans	2,86	– 1,3	9,1
Éprouvette référence (t = 0)	2,9	0	7,5

4. Résistance en traction par flexion

La résistance en traction par flexion (R_{tf}) des éléments en béton est généralement plus faible que la résistance en compression. Elle correspond à 1/6, soit environ 16 %, de la résistance en compression pour les blocs :

$$R_{tf} = R_{cn}/6$$

Pour les blocs standards, les valeurs obtenues sont indiquées dans le tableau ci-dessous :

R_{cn} (MPa)	R_{tf} (MPa)
3,0	0,50
3,5	0,58
4,0	0,66
4,5	0,75
5,0	0,83
5,5	0,92
6,0	1,00
6,5	1,08
7,0	1,16

5. Résistance au cisaillement

Module de cisaillement

Le module G, ou module de cisaillement, est pris conformément au DAN (Document d'application nationale) ENV 1996-1-1, section 3.7.3.

G = 0,4 E en MPa (E : module de Young, voir section 6).

Résistance caractéristique initiale au cisaillement f_{vk0}

Selon ENV 1996-1-1, tableau 3.4, paragraphe 3.6.2.

f_{vko} = 0,3 N/mm^2 pour un montage au mortier colle de joints minces.

Résistance caractéristique au cisaillement des ouvrages en maçonnerie

Selon ENV 1996-1-1, section 3.6.2. Il convient toutefois de préciser que cette résistance varie selon la réalisation du joint de collage : s'il est réalisé en bandes discontinues, interrompues, dans ce cas la valeur sera à déterminer par calcul selon la norme EN 1996-1-1, section 3.6.1.3.

6. Module de Young/module d'élasticité

Le module de Young permet de rendre compte de l'élasticité d'un matériau, d'où le nom de module d'élasticité qui lui est également donné. La valeur du rapport entre la contrainte appliquée et la déformation associée est le module de Young, noté E, qui s'exprime en N/mm^2 équivalent au MPa (1 MPa = 10^6 N/m^2 = 1 N/mm^2).

Cette valeur peut être calculée à l'aide de la formule suivante :

$$E = 5 \ (M_{vn} - 150) \text{ selon prEN 12 602}$$

avec M_{vn} : masse volumique nominale en kg/m^3

On obtient alors, pour les principales masses volumiques, les résultats suivants :

Module d'élasticité										
M_{vn} (kg/m^3)	350	400	450	500	550	600	650	700	750	800
E en (MPa)	1 000	1 250	1 500	1 750	2 000	2 250	2 500	2 750	3 000	3 250

7. Fluage

Le fluage correspond à une déformation lente et progressive d'un matériau soumis à une charge permanente.

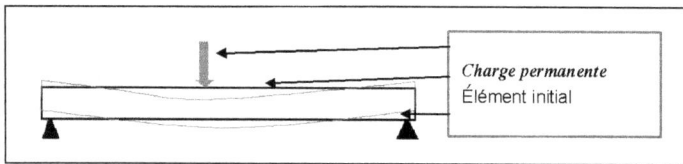

Charge permanente
Élément initial

Fig. 2.5 • *Déformation de l'élément soumis à une charge permanente*

L'autoclavage permet d'obtenir un fluage très faible. En effet, le coefficient de fluage Φ, qui permet de calculer le module d'élasticité à long terme, n'est que de 0,3 pour le béton cellulaire.

Pour pouvoir calculer la flèche, c'est-à-dire la déformation de l'élément soumis à une charge permanente, on utilise le module de Young à long terme E∞ :

$$E_\infty = E/(1 + \Phi) \text{ avec } \Phi = 0{,}3$$

soit :
$$E_\infty = E/1{,}3$$

Tab. 2.4 • *Tableau récapitulatif des données mécaniques*

M_{vn} (kg/m^3)	R_{cn} (MPa)	R_{tf} (MPa)	E (MPa)	E_∞ (MPa)
350	3,0	0,5	1 000	769
400	3,0	0,50	1 250	962
450	3,5	0,58	1 500	1 154
500	4,0	0,66	1 750	1 346
550	4,5	0,75	2 000	1 538
600	5,0	0,83	2 250	1 731
650	5,5	0,92	2 500	1 923
700	6,0	1,00	2 750	2 115
750	6,5	1,08	3 000	2 308
800	7,0	1,16	3 250	2 500

8. Maçonnerie non armée : calcul et dimensionnement

Dans cette partie, le DTU 20.1 a été utilisé comme base de calcul. Toutefois, un parallèle a été établi avec l'Eurocode 6 (PrEN 1996-1-1 et PrEN 1996-3), et ce, afin de préparer l'arrivée prochaine (2005-2006) des normes européennes.

Attention

Les valeurs données dans ce paragraphe peuvent être spécifiques au béton cellulaire, et de ce fait non utilisables pour le calcul sur d'autres types de maçonneries.

Le tableau 2.5 récapitule les principaux indices utilisés pour le calcul et le dimensionnement des maçonneries en béton cellulaire selon l'Eurocode et le DTU.

Tab. 2.5 • _Indices utilisés en maçonnerie_

Eurocode	Type de valeur	Signification
f_b	Calculée	Résistance moyennne à la compression normalisée
R_c	Donnée (E1)	Résistance garantie à la compression
δ	Donnée (E2)	Coefficient utilisé pour la détermination de la résistance normalisée moyenne à la compression des ouvrages en maçonnerie
f_m	Donnée	Résistance à la compression du mortier
h	Variable	Hauteur d'étage du mur en maçonnerie
h_{ef}	Calculée	Hauteur utile
ρ_n	Donnée (E3)	Coefficient de réduction
e	Calculée	Élancement
t_{ef}	Variable	Épaisseur utile du mur
f_k	Calculée	Résistance caractéristique à la compression de la maçonnerie non armée à joints minces
f_d	Valeur de conception	Résistance de calcul de la maçonnerie en compression dans la direction prise en considération
N_{rd}	Valeur de conception	Résistance de calcul sous charge verticale
N_{sd}	Valeur de conception	Résistance de calcul aux charges verticales du mur de contreventement
Φ_i	Calculée	Coefficient de réduction au sommet ou à la base (pied) du mur
V_{rd}	Calculée	Valeur de calcul de la résistance au cisaillement
f_{vk}	Calculée	Résistance caractéristique au cisaillement
DTU	**Type de valeur**	**Signification**
e	Calculée	Élancement
h	Variable	Hauteur d'étage du mur en maçonnerie
e_p	Variable	Épaisseur brute du mur
C	Calculée	Contrainte de compression admissible
R	Donnée	Résistance nominale à l'écrasement
N	Donnée	Coefficient global de réduction
C_r	Variable	Contrainte répartie provenant des étages supérieurs
C_l	Variable	Contraintes locales apportées par le plancher

8.1. Groupes de maçonnerie (PrEN 1996-1-1 avril 2004)

Les matériaux de construction sont classés en quatre groupes (1, 2a, 2b, 3), selon des critères concernant notamment la structure interne des blocs. Le béton cellulaire appartient au groupe 1, relatif aux produits pleins.

8.2. Résistance à la compression des éléments de maçonnerie (PrEN 1996-1-1 avril 2004)

La résistance à la compression des éléments en maçonnerie à utiliser pour le calcul doit être la résistance à la compression normalisée f_b.

Pour le béton cellulaire, on donne la formule suivante pour calculer cette valeur :

$$f_b = 1{,}14 \times R_c \times \delta$$

où R_c représente la résistance en compression garantie pour le fractile 0,05 (voir le paragraphe 3 de la présente partie)

et δ est donné par le tableau 2.6 :

Tab. 2.6 • *Indice relatif à la dimension des blocs*

Hauteur de l'élément en mm	Plus petite dimension horizontale des éléments en mm			
	100	150	200	250
50	0,75	0,70	–	–
65	0,85	0,75	0,70	0,65
100	1,00	0,90	0,80	0,75
150	1,20	1,10	1,00	0,95
200	1,35	1,25	1,15	1,10
250	1,45	1,35	1,25	1,15

Une interpolation linéaire est possible pour les valeurs ne figurant pas dans le tableau.

8.3. Mortier

Eurocode PrEN 1996-1-1 avril 2004	DTU 20.1
• Pour le béton cellulaire, les joints doivent avoir une épaisseur comprise entre 1 et 3 mm. • Les mortiers sont classés selon leur résistance à la compression, exprimée en N/mm^2 et notée f_m. Cette valeur est précédée de la lettre M. • La classe minimale du mortier à utiliser pour le béton cellulaire est M5.	• Le facteur est directement intégré dans le calcul de C.

8.4.   Hauteur utile (PrEN 1996-3 novembre 2003)

On définit la hauteur utile h_{ef} de la façon suivante :

$$h_{ef} = h \times \rho_n$$

h représente la hauteur d'étage ;
ρ_n est un coefficient de réduction dépendant de n ;
n vaut 2, 3 ou 4 selon la façon dont les bords du mur sont maintenus ou raidis.

Tab. 2.7 • _Exemples de coefficient de réduction ρ_n_

Type de maintien	Conditions spéciales	Valeur de n
Murs liés en tête et en pieds Appui plancher et toiture = 2/3 de l'épaisseur du mur	Mur extérieur (charge excentrée)	1
	Autres cas	0,75
Murs bloqués en tête et en pieds par plancher et toiture	Bloquage lattéral	1
Murs liés en tête et en pieds et contreventés sur un bord vertical	$\rho 3 = \dfrac{1,5 \cdot L}{h}$	≤ 0,75 si blocage en tête et pieds charge centrée
		≤ 1 pour les autres cas
Murs liés en tête et en pieds et raidis sur deux bords verticaux	$\rho 4 = Ll/2h$	≤ 0,75 si blocage en tête et pieds charge centrée
		≤ 1 pour les autres cas

Note : L représente soit la distance du bord libre à l'axe du raidisseur dans le cas d'un mur porté sur 3 côtés, soit la distance entre axes des murs raidisseurs pour un mur porté sur 4 côtés.

8.5.   Élancement

Eurocode PrEN 1996-3 novembre 2003	DTU 20.1
• L'élancement d'un mur ne peut être supérieur à 27. Il est donné par la formule suivante : $$e = hef/tef$$ avec hef hauteur utile du mur et tef épaisseur utile du mur (mur porteur hors habillement) • Pour un double mur, tef = $(t_1{}^3 + t_2{}^3)^{1/3}$, avec t_1 et t_2 épaisseurs des parois.	• « L'élancement est le rapport entre la distance verticale entre planchers et l'épaisseur brute du mur porteur. » $$e = hauteur/épaisseur$$ • L'élancement ne peut être supérieur à 20. • Pour des maçonneries de remplissage ou des maçonneries peu chargées, on peut porter la limite d'élancement à 30.

8.6. Résistance caractéristique à la compression de la maçonnerie non armée à joints minces

Eurocode PrEN 1996-3 novembre 2003	DTU 20.1
• Pour le béton cellulaire, on utilise cette formule : $$fk = 0,8 \times fb^{0.85}$$ à condition que fb < 50 N/mm^2 et que fm > 5 N/mm^2 (classe M5 minimum) (norme EN 998-2).	• On utilise la formule suivante : $$C = R/N$$ C : contrainte de compression admissible en partie courante du mur R : résistance nominale à l'écrasement (voir Rcn dans le paragraphe 3) N : coefficient global de réduction dépendant de l'élancement et du type de chargement (voir tableau ci-dessous).

DTU 20.1				
Valeur du coefficient N si	Élancement en mètres			
	≤ 15	≥ 15		≥ 20
		Coefficient de majoration	Coefficient global résultant	
Charge centrée	5	16 : 1,07 17 : 1,13 18 : 1,20 19 : 1,27 20 : 1,33	16 : 5,35 17 : 5,65 18 : 6,00 19 : 6,35 20 : 6,65	Justification expérimentale par essais en grandeur nature
Charge excentrée	6,5		16 : 6,95 17 : 7,34 18 : 7,80 19 : 8,25 20 : 8,64	

8.7. Évaluation des efforts sollicitants

Eurocode (PrEN 1996-1-1 et PrEN 1996-3)	DTU 20.1
• En compression, la valeur de la résistance de calcul de la maçonnerie est égale à la résistance caractéristique divisée par un coefficient de sécurité γm. Pour le béton cellulaire, on prend $\gamma m = 1,7$ (voir DAN page 34). Ainsi, en compression : $$fd = fk/1,7$$ • La résistance de calcul sous charge verticale d'un mur simple par unité de longueur est donnée par : $$Nrd = \Phi i,m \times t \times fd$$ $\Phi i,m$: coefficient de réduction t : épaisseur du mur fd : valeur de calcul de résistance en compression • On calcule le coefficient de réduction comme suit : $$\Phi i = 1 - 2\ ei/t \text{ (en pied ou en tête de mur)}$$ $$\Phi m = \Phi i/t \text{ (en milieu de mur)}$$ avec ei = Mi/Ni + ehi + ea ehi est l'excentricité en tête ou en pied du mur résultant des charges horizontales. ea = hef/450 Mi est le moment de flexion de calcul au sommet ou au pied du mur résultant de l'excentricité de la charge sur appui. Ni est la charge verticale de calcul au sommet ou au pied du mur.	• « Les seuls efforts pris en compte sont les suivants : – forces verticales : celles qui résultent de l'action de la pesanteur (charges permanentes, charges d'exploitation, charges de neige) ; – forces horizontales : celles qui résultent de l'action directe du vent sur les façades. Il n'est pas tenu compte des efforts résultant des retraits et dilatations. • Ne sont pas envisagés : – les sollicitations exceptionnelles (chocs et explosions) ; – les effets des séismes ; – les efforts résultant de la participation de la maçonnerie au contreventement de l'ouvrage. • Efforts dus aux charges verticales Les charges verticales agissant sur les murs peuvent être déterminées en faisant, s'il y a lieu, application de la dégression des charges telle qu'elle est énoncée par la norme NF P 06-001. On peut admettre, dans cette évaluation, la discontinuité des divers éléments de plancher au droit des murs. • Efforts dus aux forces horizontales Lorsqu'il est nécessaire de justifier la résistance de la paroi en maçonnerie au vent agissant perpendiculairement à la façade, on suppose que le panneau de maçonnerie est assimilable à une plaque simplement appuyée sur ses côtés. Lorsque la paroi extérieure est reliée à la paroi interne par des attaches, l'influence de ces attaches n'est pas, sauf justifications spéciales, prise en compte pour la vérification des efforts dans le panneau de maçonnerie. »

8.8. Charges ponctuelles

Eurocode (PrEN 1996-1-1 et PrEN 1996-3)	DTU
• À l'état limite ultime, la résistance sous charge de calcul d'un mur non armé soumis à des charges concentrées doit être supérieure à la charge concentrée de calcul sur le mur. $$N_{Edc} \le N_{Rdc}$$ • Pour un ouvrage en maçonnerie de groupe 1et autre que de type à joint interrompu : $$M_{RDC} = \beta Abf_d = \left(1 + 0,3\frac{a_1}{hc}\right)\left(1,5 - 1,1\frac{Ab}{Aef}\right).Ab.fd$$ $$1,0 \le \beta \le 1,5$$ Ab : surface soumise à charge Aef : section d'appui effective = $l_{efm}.t$ l_{efm} : longueur d'appui effective • Pour un montage à joints interrompus, comme c'est le cas avec les blocs de béton cellulaire à emboîtement, la contrainte de compression de calcul ne doit pas dépasser la valeur : fk/γm • « L'excentricité de la charge par rapport à l'axe ne doit pas dépasser t/4. » • « Les charges concentrées doivent être appliquées à un élément du groupe 1 de largeur égale à la longueur d'appui requise plus, de chaque côté de l'appui, une longueur résultant d'un épanouissement de 60° de la charge à la base du matériau plein ; pour un chargement d'extrémité, la longueur supplémentaire n'est requise que d'un seul côté. » 	• Pour la section du mur située immédiatement au-dessous du plancher, il faut vérifier que : C < R/4 sachant que C = Cr + Cl C : contraintes extrêmes de compression Cr : contraintes réparties provenant des étages supérieurs Cl : contraintes locales apportées par le plancher R : résistance à l'écrasement du matériau • Idem pour les linteaux au repos sur les maçonneries. La répartition de la charge est triangulaire avec une longueur d'appui égale à la hauteur du linteau. • Il est possible d'utiliser une semelle de répartition à condition que celle-ci soit dimensionnée de telle sorte que la contrainte reprise ne dépasse pas R/4. • On admet que les charges concentrées se répartissent uniformément dans une zone limitée par deux droites issues du point d'application de la charge et inclinées de 1/4 par rapport à la verticale (soit une valeur de de l'angle de 22°). La contrainte de compression ne doit pas dépasser la contrainte admissible (charges verticales seules) ou les 9/8 de la contrainte admissible (charges verticales + vent perpendiculaire).

8.9. Contreventement

Eurocode (PrEN 1996-1-1 et PrEN 1996-3)	DTU 20.1
• La longueur d'une intersection de mur (mur perpendiculaire) donnée, pouvant être considérée comme jouant le rôle de raidisseur, est égale à l'épaisseur du mur raidisseur, plus de chaque côté, la longueur a, la plus faible valeur de : $a = L/2$ a = hauteur d'étage/2 a = hauteur du mur/5 a = distance à l'extrémité du mur 	• La participation des maçonneries au contreventement de l'ouvrage doit faire l'objet d'une étude spéciale. Le calcul des efforts qui en résultent n'est pas traité dans le présent document.
• On doit également vérifier que la valeur de calcul de la charge appliquée V_{sd} est inférieure à V_{rd} : $$V_{rd} = f_{vd} \times t \times l_c = f_{vk} \times t \times l_c/\gamma m$$ f_{vk} : résistance caractéristique au cisaillement t : épaisseur du mur porteur l_c : longueur comprimée du mur $\gamma_m = 1,7$	

CHAPITRE 3

CARACTÉRISTIQUES ET PERFORMANCES THERMIQUES

1. Coefficient de conductivité thermique λ

Le coefficient de conductivité thermique λ, exprime la quantité de chaleur transmise par seconde à travers une surface d'1 m^2 et une épaisseur d'un mètre de matériau homogène pour une différence de température entre les parois de 1 K (Kelvin). Son unité est le W/(m.K).

Le coefficient de conductivité thermique λ dépend essentiellement :

– de la masse volumique du matériau : λ diminue avec la masse volumique (augmentation du pouvoir isolant) ;

– des conditions de fabrication ;

– de la teneur en eau du matériau : λ augmente avec la teneur en eau (diminution du pouvoir isolant).

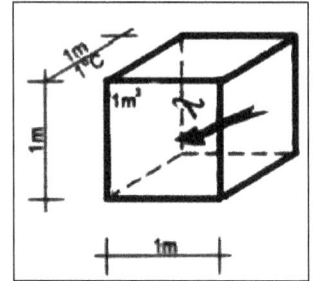

Fig. 3.1 • *Cœfficient de conductivité thermique*

Pour le béton cellulaire, la teneur en eau à l'état d'équilibre prise en compte est de 4 %. La valeur de conductivité thermique correspondant à cet état d'équilibre est appelée conductivité thermique utile.

> Les usines produisant du béton cellulaire en France bénéficient de la marque NF et d'une conductivité thermique certifiée.
> Les valeurs de conductivité thermique sont établies à partir d'une étude du CSTB et validées par le CTAT.
> Les valeurs actuelles sont définies dans les avis techniques ou leurs additifs en vigueur et reprises sur le site marque NF bloc en béton cellulaire du CERIB : www.cerib.fr.

Exemple : texte et tableau extraits de l'avis technique JUMBO 16/01-403, date de validité 28 février 2007.

Autres informations techniques

Les caractéristiques thermiques (résistance thermique R du mur non enduit et coefficient K de transmission thermique moyen du mur enduit sur ses deux faces) des murs en blocs de béton cellulaire JUMBO montés à joints minces de mortier-colle PREOCOL sont données dans les tableaux 1 et 2 suivants.

Pour la classe de masse volumique 370 kg/m^3, ces valeurs sont établies à partir de la valeur de conductivité thermique utile du béton cellulaire retenue par le CTAT (Comité thermique de l'avis technique) dans sa décision du 20 octobre 1997.

Pour les classes de masse volumique 450 et 500 kg/m^3, ces valeurs sont établies à partir des valeurs de conductivité thermique utile retenues par le CTAT dans sa décision du 9 octobre 1987.

Pour les autres classes de masse volumique, les calculs sont conduits à partir des valeurs de conductivités thermiques utiles données dans les règles Th U.

Masse volumique nominale (kg/m^3)	370	400	450	500
Conductivité thermique utile (W/m.K)	0,11	0,12	0,13	0,17

Dans le cas d'un mur maçonné, on utilise le coefficient de conductivité thermique moyen : λ_m

$$\lambda m = (\lambda m,bloc.Abloc + \lambda m,mc.Amc)/(Abloc + Amc).$$

Abloc : aire des blocs en façade sur le mur.
Amc : aire des joints de mortier colle pour joints minces en façade sur le mur.
λm,bloc : le coefficient de conductivité thermique utile des blocs.
λm,mc : le coefficient de conductivité thermique utile du mortier colle pour joints minces.

C'est ce coefficient qui permet ensuite de calculer la résistance thermique du mur maçonné.

Les normes européennes suivantes traitent les aspects thermiques :
- EN 1745 (2000) : maçonnerie et produits de maçonnerie ;
- EN 12524 (2000) : matériaux et produits pour le bâtiment. Propriétés hygrométriques, valeurs utiles tabulées ;
- EN ISO 10456 (2000) : isolation thermique. Matériaux et produits du bâtiment. Détermination des valeurs thermiques déclarées et utiles ;
- EN ISO 6946 (1996) : composants et parois de bâtiments. Résistance thermique et coefficient de transmission thermique – méthodes de calcul.

2. Résistance thermique

2.1. Pour un mur maçonné

La résistance thermique R d'un matériau homogène correspond au rapport de son épaisseur e par le coefficient de conductivité λ. Son unité est le m^2.K/W.

$$R = e/\lambda$$

Dans le cas d'un mur maçonné en béton cellulaire, R est calculé à partir de λ_m.

$$R = e_2/\lambda_m$$

Dans le cas d'un mur maçonné enduit deux faces :

$$R = R_i + e^2/\lambda_m + R_e$$

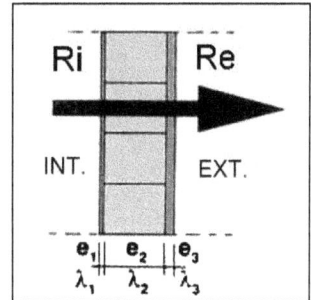

Fig. 3.2 • *Calcul de la résistance thermique*

Exemple : texte et tableau extraits de l'avis technique JUMBO 16/01-403, date de validité 28 février 2007.

Tab. 3.1 • Blocs JUMBO montés, à joints verticaux collés

Dimensions du bloc en cm Longueur × hauteur	Épaisseur du bloc en cm	Épaisseur du mur enduit 2 faces en cm	Résistance thermique du mur non enduit en m².K/W pour une masse volumique nominale du béton en kg/m³				Coefficient U du mur enduit 2 faces en W/(m².K) pour une masse volumique nominale du béton en en kg/m³			
			370	400	450	500	370	400	450	500
100 × 50	15,0	17,5	1,29	1,19	0,96	0,35	0,67	0,71	0,36	0,94
	17,5	20,0	1,50	1,38	1,12	0,99	0,53	0,63	0,75	0,33
	20,0	22,5	1,71	1,53	1,28	1,14	0,52	0,56	0,67	0,74
	22,5	25,0	1,93	1,73	1,44	1,23	0,47	0,50	0,61	0,67
	25,0	27,5	2,14	1,93	1,60	1,42	0,42	0,46	0,55	0,61
	27,5	30,0	2,36	2,17	1,76	1,56	0,39	0,42	0,51	0,56
	30,0	32,5	2,57	2,37	1,92	1,70	036	0,39	0,47	0,52
	32,5	35,0	2,79	2,57	2,03	1,34	033	0,36	0,44	0,49
	37,5	40,0	3,22	2,96	2,40	2,13	0,29	0,32	0,33	0,43
100 × 62,5	15,0	17,5	1,30	1,19	0,96	0,36	0,66	0,71	0,35	0,94
	17,5	20,0	1,51	1,39	1,13	1,00	0,53	0,62	0,75	0,33
	20,0	22,5	1,73	1,59	1,29	1,14	0,52	0,56	0,67	0,74
	22,5	25,0	1,94	1,79	1,45	1,23	0,46	0,50	0,60	0,67
	25,0	27,5	2,16	1,99	1,61	1,43	0,42	0,45	0,55	0,61
	27,5	30,0	2,33	2,19	1,77	1,57	0,39	0,42	0,51	0,56
	30,0	32,5	2,59	2,39	1,93	1,71	0,36	0,39	0,47	0,52
	32,5	35,0	2,31	2,59	2,09	1,35	033	0,36	0,43	0,43
	37,5	40,0	3,24	2,93	2,41	2,14	0,29	0,31	0,33	0,43

Tab. 3.2 • Blocs JUMBO montés, à joints verticaux secs

Dimensions du bloc en cm Longueur × hauteur	Épaisseur du bloc en cm	Épaisseur du mur enduit 2 faces en cm	Résistance thermique du mur non enduit en m².K/W pour une masse volumique nominale du béton en kg/m³				Coefficient U du mur enduit 2 faces en W/(m².K) pour une masse volumique nominale du béton en kg/m³			
			370	400	450	500	370	400	450	500
100 × 50	15,0	17,5	1,31	1,21	0,97	0,86	0,66	0,70	0,84	0,93
	17,5	20,0	1,53	1,41	1,14	1,01	0,57	0,62	0,74	0,82
	20,0	22,5	1,75	1,61	1,30	1,15	0,51	0,55	0,66	0,73
	22,5	25,0	1,97	1,81	1,46	1,30	0,46	0,49	0,60	0,66
	25,0	27,5	2,19	2,01	1,62	1,44	0,42	0,45	0,54	0,61
	27,5	30,0	2,41	2,22	1,79	1,58	0,38	0,41	0,50	0,56
	30,0	32,5	2,63	2,42	1,95	1,73	0,35	0,38	0,46	0,52
	32,5	35,0	2,85	2,62	2,11	1,87	0,33	0,35	0,43	0,48
	37,5	40,0	3,29	3,02	2,44	2,16	0,29	0,31	0,38	0,42
100 × 62,5	15,0	17,5	1,32	1,22	0,98	0,87	0,65	0,70	0,84	0,93
	17,5	20,0	1,54	1,42	1,14	1,01	0,57	0,61	0,74	0,82
	20,0	22,5	1,77	1,62	1,31	1,16	0,51	0,55	0,66	0,73
	22,5	25,0	1,99	1,83	1,47	1,30	0,46	0,49	0,60	0,66
	25,0	27,5	2,21	2,03	1,63	1,45	0,41	0,45	0,54	0,60
	27,5	30,0	2,43	2,23	1,80	1,59	0,38	0,41	0,50	0,56
	30,0	32,5	2,65	2,43	1,96	1,74	0,35	0,38	0,46	0,51
	32,5	35,0	2,87	2,64	2,12	1,88	0,32	0,35	0,43	0,48
	37,5	40,0	3,31	3,04	2,45	2,17	0,28	0,31	0,38	0,42

Autre exemple : tableaux extraits de l'avis technique Thermopierre 11 (16/00-394 en cours de reconduction).

Tab. 3.3 • *Maçonnerie Thermopierre 11 montée, à joints verticaux secs*

Type et dimensions (h × L) du bloc (cm)	Épaisseur du bloc (cm)	Épaisseur du mur (cm)	Résistance thermique du mur non enduit (m².KW)	Coefficient U du mur enduit 2 faces (W/m².K)
Courant 25 × 62,5	20	22,5	1,66	0,53
	22,5	25	1,89	0,47
	25	27,5	2,10	0,43
	27,5	30	2,31	0,40
	30	32,5	2,52	0,37
	32,5	35	2,74	0,34
	37,5	40	3,16	0,30

Tab. 3.4 • *Maçonnerie Thermopierre 11 montée, à joints verticaux collés*

Type et dimensions (h × L) du bloc (cm)	Épaisseur du bloc (cm)	Épaisseur du mur (cm)	Résistance thermique du mur non enduit (m².KW)	Coefficient U du mur enduit 2 faces (W/m².K)
Courant 25 × 62,5	20	22,5	1,63	0,54
	22,5	25	1,84	0,49
	25	27,5	2,04	0,44
	27,5	30	2,25	0,41
	30	32,5	2,45	0,38
	32,5	35	2,66	0,35
	37,5	40	3,07	0,30

2.2. Pour une paroi

2.2.1. Résistance thermique R_t d'une paroi

Elle correspond à la somme :
- des résistances thermiques R des matériaux qui la composent ;
- de la résistance équivalente de la lame d'air éventuelle R_a.

D'où :

$$R_t = \Sigma(R_{matériaux}) + R_a$$

Les valeurs de R_a pour une lame d'air non ventilée sont données ci-après :

Tab. 3.5 • *Résistance thermique R*

Epaisseur de la lame d'air mm	Résistance thermique R (m^2.K)/W		
	Flux ascendant	Flux horizontal	Flux descendant
0	0.00	0.00	0.00
5	0.11	0.11	0.11
7	0.13	0.13	0.13
10	0.15	0.15	0.15
15	0.16	0.17	0.17
25	0.16	0.18	0.19
50	0.16	0.18	0.21
100	0.16	0.18	0.22
300	0.16	0.18	0.23

– Ces valeurs correspondent à une température moyenne de la lame d'air de 10 °C.
– Les valeurs intermédiaires peuvent être obtenues par interpolation linéaire.

2.2.2. Résistances superficielles R_i et R_e

Les valeurs des résistances superficielles varient en fonction de la direction du flux de chaleur, comme indiqué dans les tableaux suivants.

Tab. 3.6 • *Valeurs des résistances superficielles*

Paroi donnant sur : – l'extérieur – un passage ouvert – un local ouvert[2]	R_{si} m^2.K/W	R_{se}[1] m^2.K/W	R_{si} + R_{se} m^2.K/W
Paroi verticale — Flux horizontal	0.13	0.04	0.17
Paroi horizontale — Flux ascendant	0.10	0.04	0.14
Paroi horizontale — Flux descendant	0.17	0.04	0.21

(1) Si la paroi donne sur un volume non chauffé, Rsi s'applique des deux côtés.

(2) Un local est dit ouvert si le rapport de la surface totale de ses ouvertures permanentes sur l'extérieur, à son volume, est égal ou supérieur à 0.005 m^2/m^3. Ce peut être le cas, par exemple, d'une circulation à l'air libre, pour des raisons de sécurité contre l'incendie.

3. Coefficient de déperdition surfacique des parois

Le coefficient de déperdition surfacique U d'une paroi exprime la quantité de chaleur passant par seconde à travers 1 m² de matériau en régime stationnaire pour une différence de température de 1 K entre les deux ambiances.

Son unité est le W/(m².K).

Le calcul de U tient compte de la totalité des résistances thermiques des matériaux (Ht), de la lame d'air éventuelle (R_a), ainsi que des résistances superficielles intérieures et extérieures (R_i et R_e).

$$U = 1/(R_t + R_i + R_e) = 1/(R_e + \Sigma(e/\lambda) + R_a + R_i)$$

Plus le coefficient U est petit, plus la paroi est isolante.

Les valeurs obtenues avec un mur en béton cellulaire sont présentées à titre d'exemple dans les tableaux 1 à 4 décrits précédemment à la section 2 de ce chapitre.

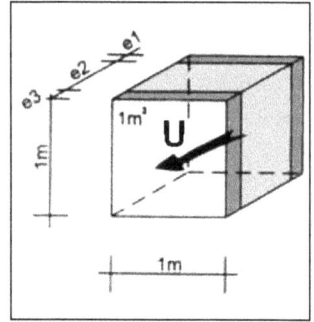

Fig. 3.3 • *Coefficient de déperdition surfacique*

4. Coefficients de déperdition linéique

Le coefficient de déperdition linéique Ψ traduit ce que l'on appelle un pont thermique. C'est une partie de l'enveloppe du bâtiment où la résistance thermique, par ailleurs uniforme, est modifiée de façon sensible par :

– la pénétration totale ou partielle de l'enveloppe du bâtiment par des matériaux ayant une conductivité thermique différente comme les systèmes d'attache métallique traversant une couche d'isolant ;
– un changement local d'épaisseur des matériaux de la paroi ce qui revient à changer localement la résistance thermique ;
– une différence entre les surfaces intérieure et extérieure comme il s'en produit aux liaisons entre parois.

Les ponts thermiques entraînent des déperditions supplémentaires qui peuvent dépasser pour certains types de bâtiments, 40 % des déperditions thermiques totales.

Un autre effet néfaste des ponts thermiques, et souvent négligé, est le risque de condensation superficielle côté intérieur dans le cas où il y a abaissement des températures superficielles à la surface (zone chauffée) des ponts thermiques.

Le béton cellulaire présente l'avantage d'être un matériau isolant homogène et qui ne nécessite donc pas l'ajout d'autre isolant. Cela permet d'éviter :

– une opération de mise en œuvre complémentaire et délicate ;
– les risques de ponts thermiques dus à la pose non parfaitement jointive des éléments isolants ;
– une diminution du pouvoir isolant de la paroi causée par une éventuelle circulation d'air froid entre le mur et l'isolant.

Le béton cellulaire permet donc au maître d'œuvre d'assurer les valeurs d'isolation et de confort thermique attendues, et au maître d'ouvrage d'obtenir les résultats prévus.

Le calcul des ponts thermiques se fait à partir du type de liaison, de l'épaisseur du matériau et du type de jonction comme expliqué figure 3.4.

Liaisons courantes parties hautes, intermédiaires et basses selon les règles ThU fascicule 5/5

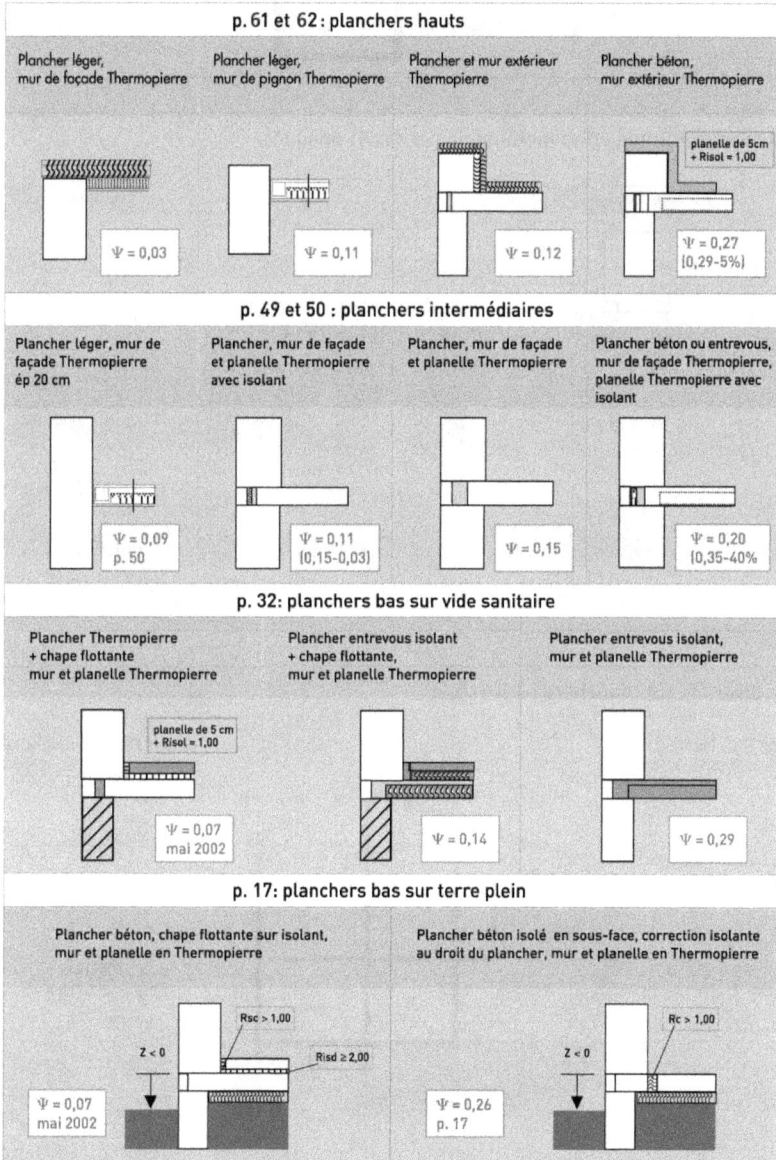

Fig. 3.4 • *Récapitulatif des linéiques*

Liaisons courantes entre parois opaques

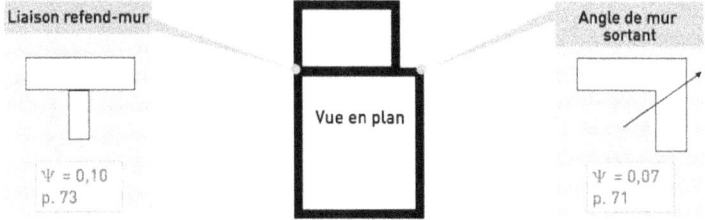

Liaison refend-mur

$\Psi = 0,10$
p. 73

Vue en plan

Angle de mur sortant

$\Psi = 0,07$
p. 71

Liaisons courantes entre menuiseries et parois opaques

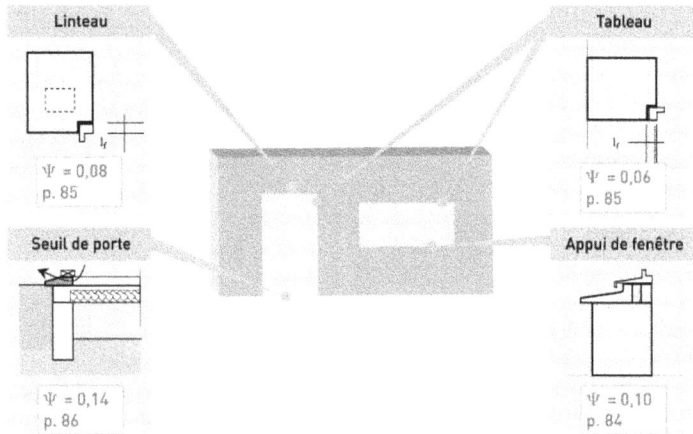

Linteau

$\Psi = 0,08$
p. 85

Tableau

$\Psi = 0,06$
p. 85

Seuil de porte

$\Psi = 0,14$
p. 86

Appui de fenêtre

$\Psi = 0,10$
p. 84

Liaisons diverses sur planchers haut et bas

p. 66 : Plancher haut et mur extérieur en Thermopierre

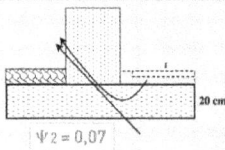

20 cm

$\Psi 2 = 0,07$

p. 64 : Plancher haut et mur ext. en Thermopierre refend aligné

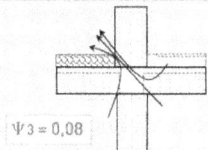

EXT.

$\Psi 3$

$\Psi 2$

$\Psi 3 = 0,08$

INT. INT.

$\Psi 1$ $\Psi 4$

INT. Garage

p. 37 : Plancher bas et mur en Thermopierre

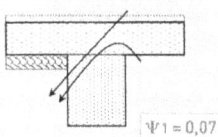

$\Psi 1 = 0,07$

p. 35 : Plancher bas et mur de refend en Thermopierre

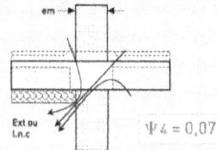

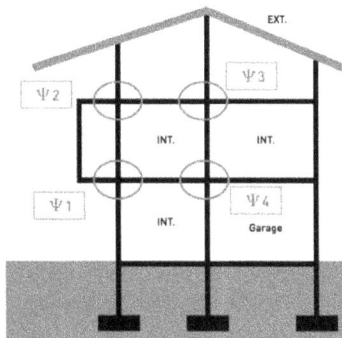

em

Ext ou I.n.c

$\Psi 4 = 0,07$

Variante solution plancher béton ou poutrelles hourdis
$\Psi 1 = 0,10$ $\Psi 2 = 0,12$ $\Psi 3 = 0,10$ $\Psi 4 = 0,10$

Les principaux coefficients de déperdition linéiques pour le béton cellulaire sont reportés en figure 3.4.

Elles sont extraites du fascicule d'une étude réalisée dans le cadre de la réglementation thermique 2000 et qui a donné lieu à l'édition du fascicule « 5/5 Ponts thermiques » des règles ThU.

5. Réglementation thermique 2000 (RT 2000)

5.1. Coefficient de transmission surfacique moyen de l'enveloppe

La RT 2000 définit des exigences d'isolation Ubat et Ubat_ref.

Le coefficient de transmission surfacique moyen de l'enveloppe se calcule ainsi :

$$U_{bât} = (\Sigma U.A + \psi L)/\Sigma A$$

Avec :
U = coefficient de déperdition surfacique associé à la surface A de la paroi
ψ = coefficient de déperdition linéique associé à la longueur L de la liaison

Le coefficient $U_{bât}$ de référence est défini par la formule suivante :

$$U_{bât\_réf} = (\Sigma a_i A + a_i L)/\Sigma A$$

Avec :
ai = droits à déperdre définis dans l'arrêté.

Le mode de calcul de $U_{bât\_réf}$ est similaire à celui de $U_{bât}$. Il s'effectue en fonction de coefficients de références, donné dans l'arrêté de la réglementation thermique, pondérés par les caractéristiques géométriques réelles du bâtiment (mêmes conventions que $U_{bât}$).

5.1.1. Formule

$U_{bât\_réf}$ se calcule d'après la formule suivante :

$$U_{bât-réf} = \frac{a_1A_1 + a_2A_2 + a_3A_3 + a_4A_4 + a_5A_5 + a_6A_6 + a_7A_7 + a_8L_8 + a_9L_9 + a_{10}L_{10}}{A_1 + A_2 + A_3 + A_4 + A_5 + A_6 + A_7}$$

5.1.2. Paramètres

Coefficient a_i

Les coefficients a_i à a_{10} dépendent de la zone climatique du lieu de construction du bâtiment, ces coefficients sont différents entre la zone H_3 d'une part et les zones H_1 et H_2 d'autre part.

Les coefficients a_i s'expriment en $W/(m^2.k)$ et sont donnés dans le tableau 3.7.

Tab. 3.7 • *Coefficients a_i*

Coefficient	Zones H1 et H2	Zone H3
a1	0,40	0,47
a2	0,23	0,30
a3	0,30	0,30
a4	0,30	0,30
a5	1,50	1,50
a6	2,40	2,60
a7	2,00	2,35
a8	0,50	0,50
a9	0,7 pour les maisons individuelles 0,9 pour les autres bâtiments	0,7 pour les maisons individuelles 0,9 pour les autres bâtiments
a10	0,7 pour les maisons individuelles 0,9 pour les autres bâtiments	0,7 pour les maisons individuelles 0,9 pour les autres bâtiments

La France est divisée en trois catégories : H1, H2 et H3 en fonction de la zone climatique comme indiqué figure 3.5.

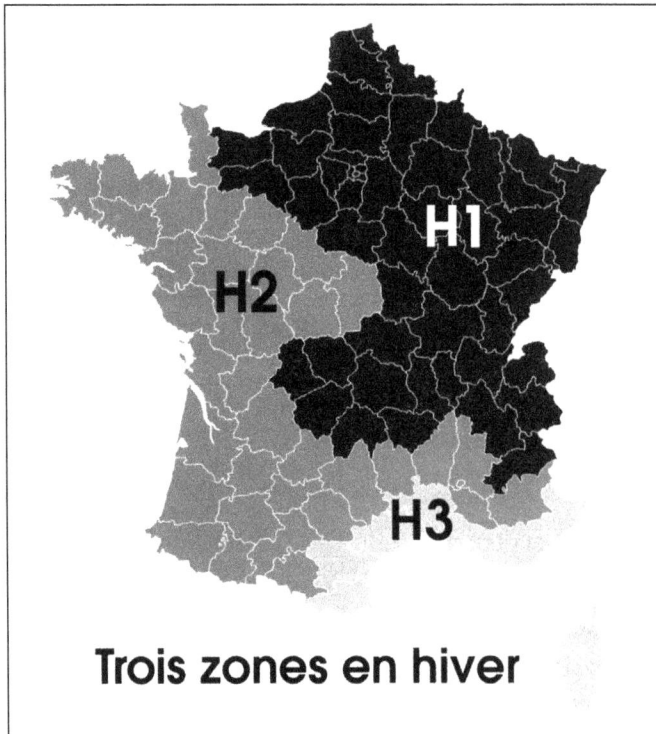

Fig. 3.5 • *Les trois zones climatiques de la France*

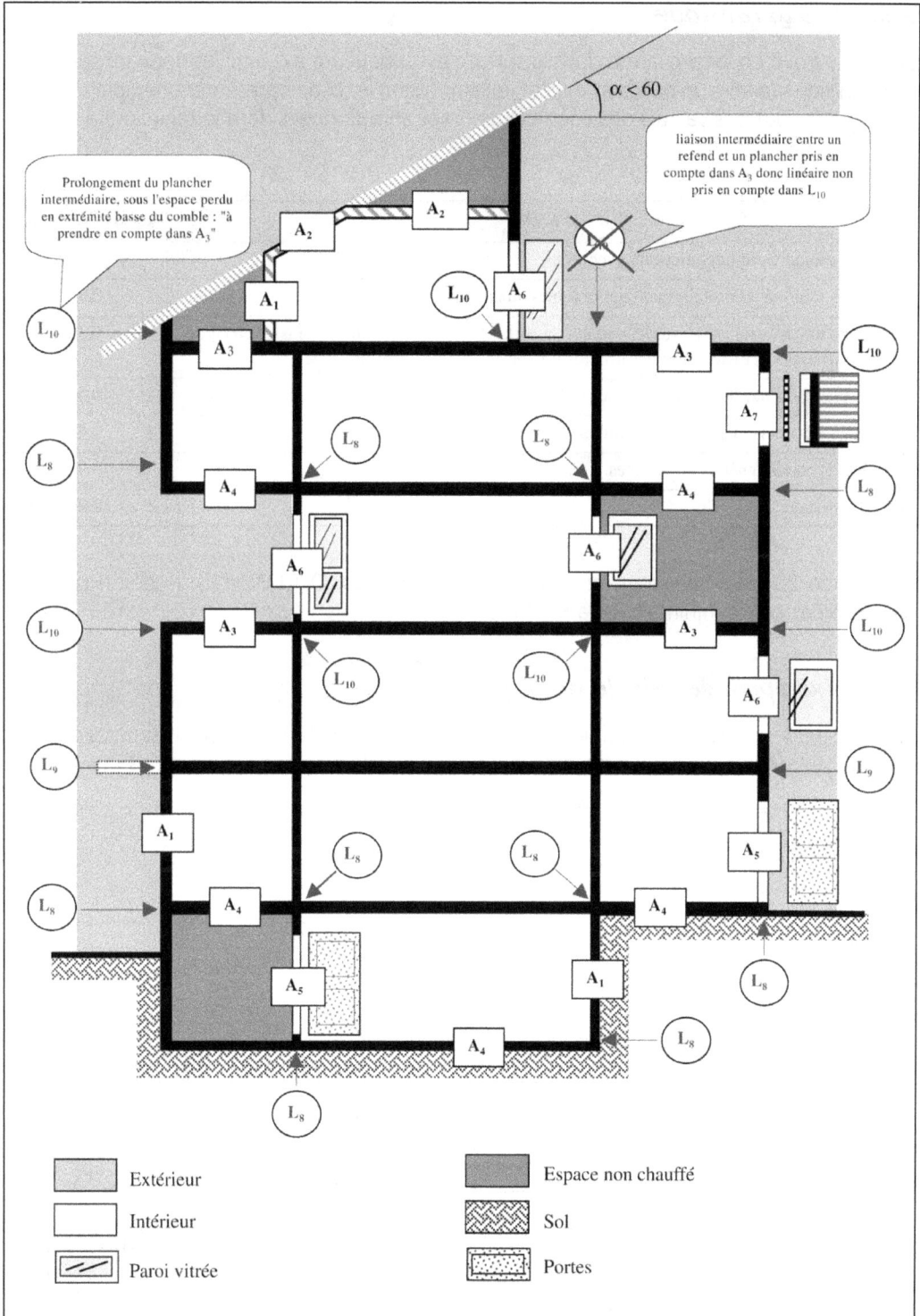

Fig. 3.6 • _Surfaces A_1 à A_7 et linéaires L_8 à L_{10}_

5.2. Les garde-fous

Chaque paroi d'un local chauffé dont la surface est supérieure à 0,5 m² et donnant sur l'extérieur, un vide sanitaire un parking collectif, un comble ou le sol doit présenter une isolation minimale (garde-fou). Les valeurs des coefficients Umax sont données dans le tableau 3.8.

Tab. 3.8 • *Valeurs des coefficients Umax*

Parois	Umax (W/m².K)
Murs en contact avec l'extérieur ou avec le sol	0,47
Planchers sous combles et rampant des combles aménagés	0,3
Planchers bas donnant sur l'extérieur ou sur un parking collectif et toitures terrasses en béton ou en maçonnerie à l'exception des toitures prévues pour la circulation de véhicules	0,36
Autres planchers hauts à l'exception des toitures prévues pour la circulation de véhicules	0,47
Planchers bas donnant sur un vide sanitaire	0,43
Fenêtres et portes-fenêtres prises nues	2,9
Façades rideaux	2,9

À partir de 25 cm d'épaisseur, en densité 400 kg/m³ (λ = 0,12 W/m.K), le béton cellulaire répond à l'exigence minimale de la RT 2000.

5.3. Exemples de calculs de $U_{bât}$ et $U_{bât\_ref}$

Pour illustrer les dispositions définies dans la RT 2000 pour le bâti, des calculs simples peuvent être réalisés sur une maille type représentée figures 3.8 à 3.11 *via* trois exemples.

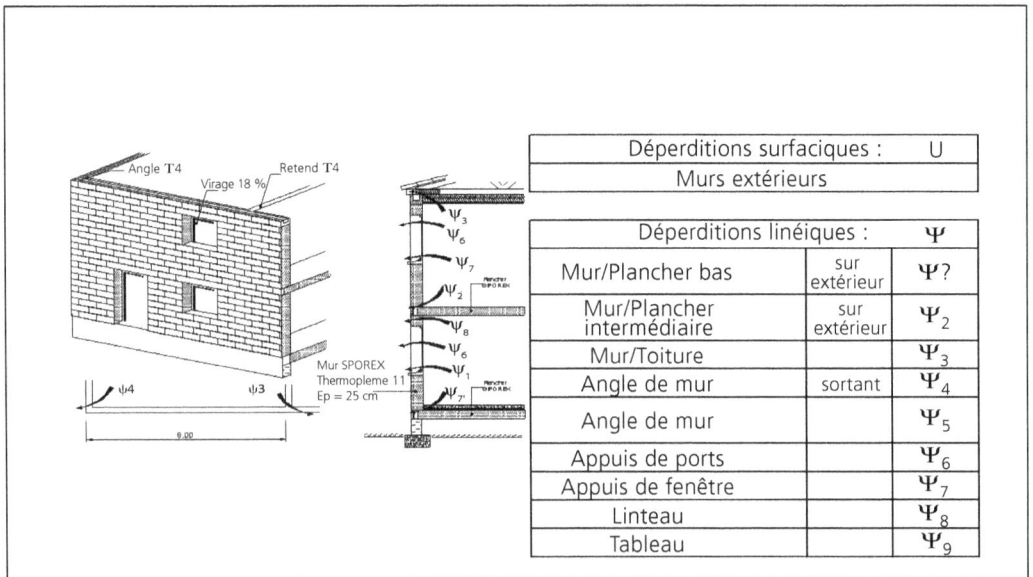

Déperditions surfaciques :		U
Murs extérieurs		

Déperditions linéiques :		Ψ
Mur/Plancher bas	sur extérieur	Ψ?
Mur/Plancher intermédiaire	sur extérieur	Ψ_2
Mur/Toiture		Ψ_3
Angle de mur	sortant	Ψ_4
Angle de mur		Ψ_5
Appuis de ports		Ψ_6
Appuis de fenêtre		Ψ_7
Linteau		Ψ_8
Tableau		Ψ_9

Fig. 3.7 • *Détail des déperditions*

valeur de Ψ prises en compte dans les calculs				
PLANCHER BAS			**ANGLE DE MUR**	
radier/BCA	**0.35**		Sans chaînage	**0.07**
radier/BCA + chape isol	**0.07**		Avec chaînage	**0.10**
Hourdis Isol/BCA	**0.29**			
plancher BCA+isol	**0.07**			
PLANCHER INTERM			**Appui de porte VS**	
			sans remontée d'isolation	**0.14**
Hourdis /BCA	**0.20**		avec remontée d'isolation	**0.32**
plancher BCA+isol	**0.11**			
TOITURE			**Appui de porte terre plein**	
aménageable	**0.12**		sans remontée d'isolation	**0.16**
faux plafond	**0.03**		avec remontée d'isolation	**0.35**
REFEND			**Appui de fenêtre**	
jonct mur sans CHAINAGE	**0.09**		sans isolant	**0.14**
jonct mur AVEC CHAINAGE	**0.12**		avec isolant (3cm)	**0.10**
			Linteau et tableau	
			Linteau	**0.08**
			tableau	**0.06**

Fig. 3.8 • *Valeurs des ponts thermiques (W/m.K)*

Exemple 1 (fig. 3.9) **:** murs extérieurs en béton cellulaire de 30 cm ; plancher sur vide sanitaire avec chape flottante isolée, faux plafond isolé.

RDC = TH12 ep 30 / VS BCA+chape isolée / faux plafond isolé							
					U bat ref		U bat T. ep 30
Déperditions surfaciques			S (m²)	U	S x U	U	S x U
Murs	extérieur		16.76	**0.40**	**6.70**	0.39	6.54
Déperditions linéiques		Ψ	L (m)	Ψ	L x Ψ	Ψ	L x Ψ
Mur / Plancher bas	sur extérieur	Ψ1	8.00	**0.50**	**4.00**	0.07	0.56
Mur / Plancher Inter	sur extérieur	Ψ2	0.00	**0.00**	**0.00**	0.00	0.00
Mur / toiture		Ψ3	8.00	**0.00**	**0.00**	0.03	0.24
Angle de mur	sortant	Ψ4	2.50	**0.00**	**0.00**	0.07	0.18
Angle de mur	refend	Ψ5	2.50	**0.00**	**0.00**	0.09	0.23
Appuis de portes		Ψ6	0.90	**0.00**	**0.00**	0.16	0.14
Appuis de fenêtre		Ψ7	1.20	**0.00**	**0.00**	0.14	0.17
linteau		Ψ8	2.10	**0.00**	**0.00**	0.08	0.17
tableau		Ψ9	6.40	**0.00**	**0.00**	0.06	0.38
		déperditions surfaciques		6.70	W	6.54	W
		déperditions linéiques		4.00	W	2.06	W
		des surfaces		16.76	m²	16.76	m²
		déperditionsTotales		10.70		8.60	
		bat moyen mur =		0.64	W/m².K	0.51	W/m².K
						RESULTAT BCA Ubat ref **-19.65%**	

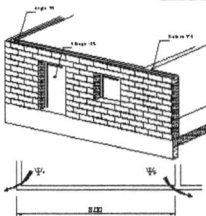

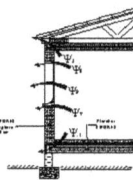

Fig. 3.9 • *Tableau de calcul des déperditions : gain par rapport à la valeur de référence (exemple 1)*

Exemple 2 : murs extérieurs en béton cellulaire de 30 cm ; plancher béton cellulaire sur vide sanitaire avec chape flottante isolée ; comble aménageable avec plancher en béton cellulaire et isolation combles perdus.

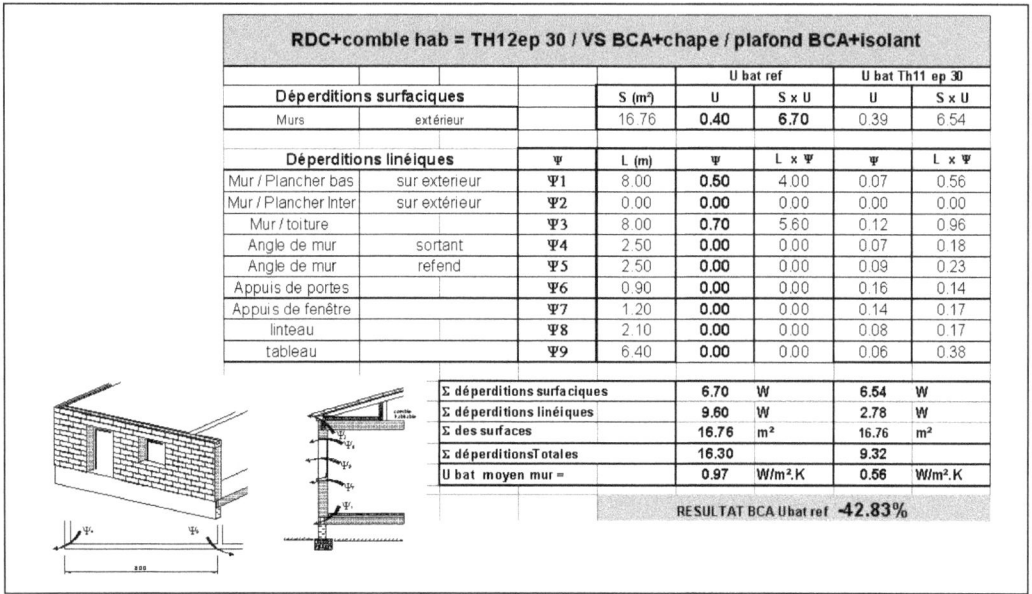

RDC+comble hab = TH12ep 30 / VS BCA+chape / plafond BCA+isolant

Déperditions surfaciques			S (m²)	U bat ref		U bat Th11 ep 30	
				U	S x U	U	S x U
Murs	extérieur		16.76	0.40	6.70	0.39	6.54

Déperditions linéiques		Ψ	L (m)	Ψ	L x Ψ	Ψ	L x Ψ
Mur / Plancher bas	sur exterieur	Ψ1	8.00	0.50	4.00	0.07	0.56
Mur / Plancher Inter	sur exterieur	Ψ2	0.00	0.00	0.00	0.00	0.00
Mur / toiture		Ψ3	8.00	0.70	5.60	0.12	0.96
Angle de mur	sortant	Ψ4	2.50	0.00	0.00	0.07	0.18
Angle de mur	refend	Ψ5	2.50	0.00	0.00	0.09	0.23
Appuis de portes		Ψ6	0.90	0.00	0.00	0.16	0.14
Appuis de fenêtre		Ψ7	1.20	0.00	0.00	0.14	0.17
linteau		Ψ8	2.10	0.00	0.00	0.08	0.17
tableau		Ψ9	6.40	0.00	0.00	0.06	0.38

Σ déperditions surfaciques	6.70	W	6.54	W
Σ déperditions linéiques	9.60	W	2.78	W
Σ des surfaces	16.76	m²	16.76	m²
Σ déperditionsTotales	16.30		9.32	
U bat moyen mur =	0.97	W/m².K	0.56	W/m².K

RESULTAT BCA Ubat ref -42.83%

Fig. 3.10 • *Tableau de calcul des déperditions : gain par rapport à la valeur de référence (exemple 2)*

Exemple 3 : murs extérieurs en béton cellulaire de 30 cm ; radier avec chape flottante isolée sur toute la surface ; plancher intermédiaire traditionnel.

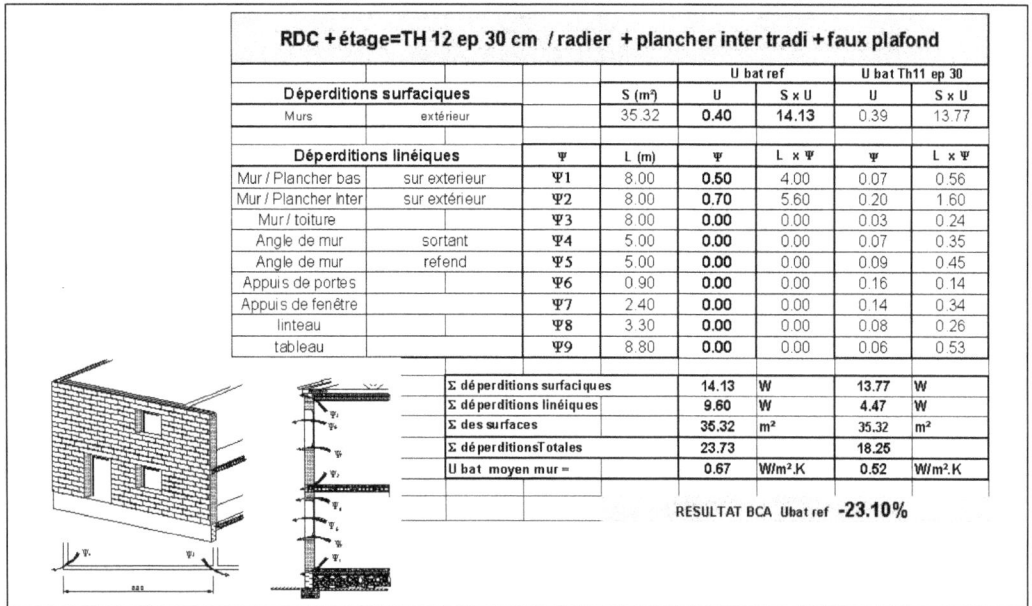

RDC + étage=TH 12 ep 30 cm / radier + plancher inter tradi + faux plafond

Déperditions surfaciques			S (m²)	U bat ref		U bat Th11 ep 30	
				U	S x U	U	S x U
Murs	extérieur		35.32	0.40	14.13	0.39	13.77

Déperditions linéiques		Ψ	L (m)	Ψ	L x Ψ	Ψ	L x Ψ
Mur / Plancher bas	sur exterieur	Ψ1	8.00	0.50	4.00	0.07	0.56
Mur / Plancher Inter	sur exterieur	Ψ2	8.00	0.70	5.60	0.20	1.60
Mur / toiture		Ψ3	8.00	0.00	0.00	0.03	0.24
Angle de mur	sortant	Ψ4	5.00	0.00	0.00	0.07	0.35
Angle de mur	refend	Ψ5	5.00	0.00	0.00	0.09	0.45
Appuis de portes		Ψ6	0.90	0.00	0.00	0.16	0.14
Appuis de fenêtre		Ψ7	2.40	0.00	0.00	0.14	0.34
linteau		Ψ8	3.30	0.00	0.00	0.08	0.26
tableau		Ψ9	8.80	0.00	0.00	0.06	0.53

Σ déperditions surfaciques	14.13	W	13.77	W
Σ déperditions linéiques	9.60	W	4.47	W
Σ des surfaces	35.32	m²	35.32	m²
Σ déperditionsTotales	23.73		18.25	
U bat moyen mur =	0.67	W/m².K	0.52	W/m².K

RESULTAT BCA Ubat ref -23.10%

Fig. 3.11 • *Tableau de calcul des déperditions : gain par rapport à la valeur de référence (exemple 3)*

6. Perméabilité à l'air du bâti

6.1. Les enjeux

La perméabilité à l'air d'une paroi caractérise son aptitude à laisser circuler l'air lorsqu'il existe une différence de pression entre ses faces. Cette différence de pression peut être une conséquence de phénomènes externes tels que le vent et la température, ou de phénomènes internes tels que température, systèmes de ventilation, chauffage…

Lorsque toutes les parois d'un local ou d'un bâtiment sont concernées, on parle de perméabilité à l'air du bâti.

Ces renouvellements d'air intempestifs apparaissent dès lors que les pressions et dépressions exercées par le vent sont supérieures à celle engendrées par le système de ventilation.

Le seul facteur positif d'une forte perméabilité à l'air d'un bâtiment est de permettre son renouvellement d'air sous certaines conditions météorologiques si les orifices de ventilation sont absents ou ont été colmatés par les occupants. L'hygiène peut être ainsi un minimum préservée et les problèmes d'insécurité, liés aux appareils à combustion, atténués.

Les incidences négatives sont, par contre très nombreuses pour les occupants, les propriétaires et gestionnaires de bâtiments, et ne répondent pas au concept de développement durable et aux exigences de la loi sur l'air. Les principaux enjeux négatifs sont développés ci-après.

Aspects énergétiques – En saison de chauffage, les pertes énergétiques par renouvellement d'air se décomposent en trois types : pertes du système en place (le spécifique ou volontaire), pertes liées aux infiltrations (le parasite), pertes liées aux ouvertures des portes et fenêtres (comportement des occupants).

Étant donné que les logements sont de plus en plus isolés, le renouvellement d'air représente une part croissante des déperditions totales.

Confort thermique – En saison de chauffage, lorsque le vent exerce de fortes pressions sur certaines façades, les infiltrations peuvent provoquer de l'inconfort thermique dû notamment :
- à la localisation des infiltrations lorsqu'elles sont situées dans les zones occupées ;
- aux fluctuations de la température dans certaines pièces ;
- aux températures insuffisantes parce que l'installation de chauffage ne permet pas de compenser le supplément de déperditions provoqué par les infiltrations.

Confort acoustique – La performance acoustique des façades peut être considérablement diminuée lorsque des infiltrations d'air mettent en communication le logement et l'extérieur par des circuits courts et directs.

Qualité de l'air intérieur – L'air qui transite dans les parois avant de pénétrer dans le logement peut se charger en polluants (fibres et/ou gaz), puis les transférer à l'intérieur.

Conservation du bâti – Les transferts aérauliques dans les parois peuvent s'effectuer de l'extérieur vers l'intérieur et inversement. Les effets sont particulièrement sensibles en hiver :
- Lorsque l'air circule dans le sens de l'intérieur vers l'extérieur, sa température diminue dans la paroi. Il en résulte alors une augmentation de son humidité relative. Des condensations se produiront chaque fois qu'elle sera égale à 100 % (point de rosée). Suivant la composition

de la paroi, ces condensations peuvent provoquer des désordres sur les structures (moisissures, oxydation, etc.), et des désordres dans certains isolants ;

– Lorsque l'air circule dans le sens de l'extérieur vers l'intérieur, sa température augmente lors du transfert, il ne peut donc pas se produire de condensation dans la paroi. Cependant, ce flux d'air provoquera des salissures et parfois des condensations superficielles internes.

6.2. Évaluation de la perméabilité à l'air du bâti

Les mesures sont réalisées sur une habitation finie avant livraison (maison individuelle, appartement) afin d'apprécier le comportement du bâti sous sa forme définitive. Le matériel utilisé est illustré par les figures 3.12 et 3.13.

Le principe retenu est la dépressurisation du bâtiment testé à l'aide d'un ventilateur. Il consiste à extraire des volumes d'air connus et à mesurer simultanément les différences de pression entre l'intérieur et l'extérieur afin d'obtenir une série de mesures « débits/dépressions ».

La méthodologie repose sur la loi d'écoulement reliant le débit d'air traversant les parois des bâtiments (Q) à la pression différentielle entre l'intérieur et l'extérieur du bâtiment (ΔP).

On utilise la relation Q = K.ΔPn pour extrapoler les valeurs de Q dans les basses pressions.

K est le coefficient de perméabilité.
n caractérise le type d'écoulement.

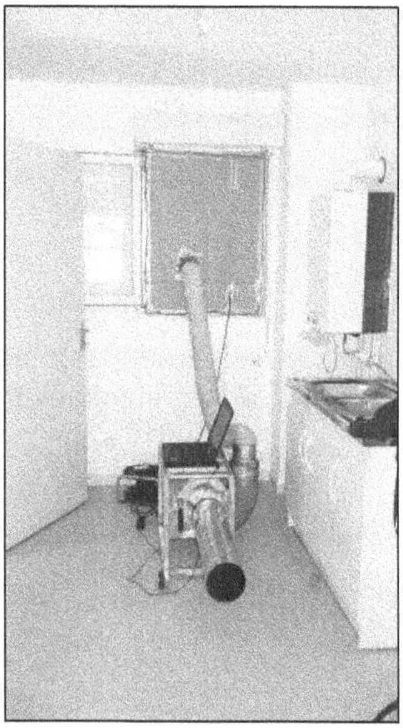

Avant de procéder à la mesure, il est nécessaire de colmater parfaitement tous les orifices de ventilation prévus à la construction : les sorties d'air situées dans les pièces de service, les entrées d'air situées dans les pièces principales, les orifices sur conduits de fumée ou des orifices d'amenée d'air pour les appareils à combustion, s'ils existent en prenant toutes les précautions concernant la sécurité.

Les informations recueillies lors des essais sont les suivantes : les couples débits/dépressions, la valeur de l'écoulement (n), la localisation des principales infiltrations d'air, en vue d'actions correctives plus ou moins aisées à mettre en œuvre.

Fig. 3.12 • *Blow Door*

Fig. 3.13 • *Perméascope ALDES*

6.3. Exigences réglementaires RT 2000

L'arrêté du 29 novembre 2000 relatif à la réglementation thermique définit ainsi les valeurs de référence de la perméabilité à l'air :

Chapitre III – Perméabilité à l'air

« Art. 15. – La perméabilité à l'air sous 4 Pa de l'enveloppe extérieure d'un bâtiment prise en référence et rapportée à la surface de l'enveloppe est fixée de la manière suivante :
– 0,8 m³/(h.m²) pour les maisons individuelles ;
– 1,2 m³/(h.m²) pour les autres bâtiments d'habitation, ou à usage de bureaux, d'hôtellerie, de restauration et d'enseignement ainsi que les établissements sanitaires ;
– 2,5 m³/(h.m²) pour les autres usages.

La surface de l'enveloppe considérée dans le présent article est la somme des surfaces prises en compte pour le calcul de Ubât_réf' en excluant les surfaces des planchers bas (A4). »

Les règles Th-C Chapitre II : méthode de calcul définissent les modalités de calcul, ainsi que les valeurs par défaut à prendre en compte pour les calculs.

2.3 Perméabilité à l'air :

La perméabilité de l'enveloppe est une entrée de la méthode de calcul.

Elle est représentée par le débit de fuite (en m³/h) sous une dépression de 4 Pascals par m² de surface de l'enveloppe. La surface de l'enveloppe considérée est la surface des parois déperditives AT définies ci-avant dont on exclut les planchers bas.

La valeur de la perméabilité des bâtiments prise en compte pour le calcul peut être contrôlée sur le bâtiment une fois construit en utilisant la méthode définie dans le projet de norme NF EN ISO 9972.

La valeur par défaut de la perméabilité de l'enveloppe (en m³/h.m² sous 4 Pa) est calculée en multipliant la surface d'enveloppe, telle que définie à l'article 16 de l'arrêté, par la valeur de perméabilité donnée dans le tableau suivant :

Tab. 3.9 • *Valeurs par défaut de la perméabilité extérieure*

Usage	Perméabilité par défaut (en m³/(h.m²))
Logement individuel	1,3
Logement collectif, bureaux, hôtels, restauration, enseignement, petits commerces, etablissements sanitaires	1,7
Autres usages	3

6.4. Incidence du bâti en béton cellulaire sur la perméabilité à l'air

Grâce aux moyens de mesure indiqués plus haut, il est aisé aujourd'hui d'évaluer la performance de bâtis constitués en tout ou partie de béton cellulaire.

Des campagnes d'essais ont d'ores et déjà été réalisées sur différents types d'habitation, ayant en commun une enveloppe extérieure constituée par un mur en 30 cm de béton cellulaire.

Les résultats présentés ci-après révèlent un bon comportement du bâti. Il s'explique par :
– l'homogénéité du mur fini, qui est constitué uniquement de béton cellulaire ;
– le rebouchage des saignées réalisées dans le mur pour intégrer les lignes électriques ;

– la facilité de réalisation des feuillures destinées à recevoir les dormants des fenêtres et les huisseries des portes.

Dès lors, les principales sources de fuites sont :

– les boîtiers électriques et les canalisations ;
– les cloisons multicouches telles que plaques de plâtres ;
– les passages de conduits venant de l'extérieur ;
– les coffres de volets roulants…

Elles n'affectent cependant que modérément la perméabilité à l'air du bâti. Cette dernière reste sensiblement inférieure à la valeur par défaut utilisée pour les calculs thermiques.

Tab. 3.10 • *Résultats des campagnes d'essais*

Chantier	Type logement	Surface froide (m^2)	Perméabilité à l'air ($m^3/h.m^2$)	Valeur par défaut prise en compte pour le calcul	Prestataire des essais
ZAC ST LAZARE LIMOGES	T3	45,6	1,19	1,7 (collectif)	ALDES Aéraulique (juillet 2003)
	T4	144	0,43		
	T3	64,3	0,55		
	Pondération* sur logement	253,9	0,60		
	T5	235,3	0,66		
SCI DE JAU	T4	175,27	0,68	1,7 (collectif)	CETE Sud-Ouest (juin et juillet 2004)
	T3	153,3	0,55		
ONDRES	T2 Appt 1	70,94	0,7		
	T2 Appt 2	43,5	1,57		
	T2 Appt 5	81,31	0,77		
	T2 Appt 6	104,1	0,66		
	Pondération sur logement	299,85	0,83		
	T3 Appt 3	119,29	0,62	1,3 (maisons individuelles)	
	T3 Appt 4	133,84	0,57		
ST GEORGES SUR LOIRE	T4	186,84	0,32	1,3 (maisons individuelles)	CETE d'AUTUN (septembre 2004)
	T5	202,14	0,31		

* Moyenne pondérée de valeurs individuelles obtenues sur les appartements de perméabilité à l'air.

Fig. 3.14 • *Zac St Lazare, Limoges (87)*

Fig. 3.15 • *Petit colllectif, Ondres (40)*

Fig. 3.16 • *Maisons individuelles en bande SCI de Jau*

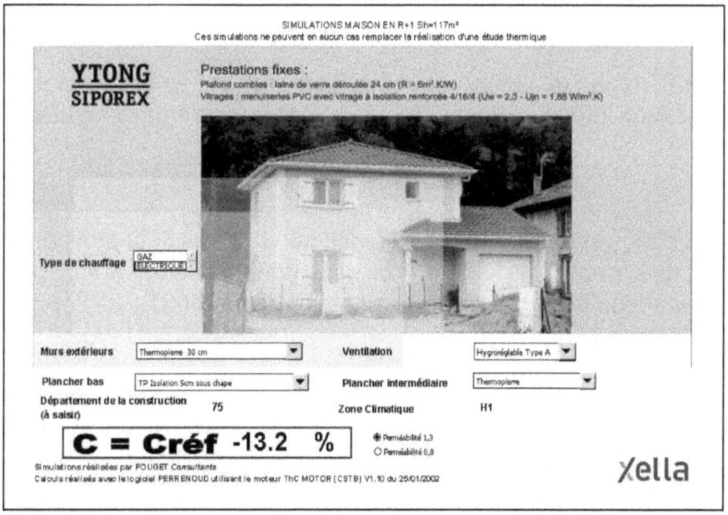

Fig. 3.17 • *Valeur par défaut : 1,3 m³/h.m²*

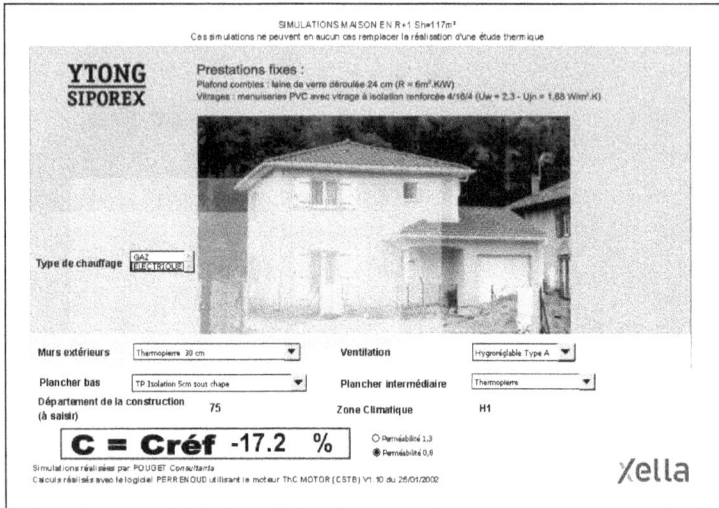

Fig. 3.18 • *Valeur de référence : 0,8 m³/h.m²*

7. L'inertie thermique – Notion de confort thermique

7.1. Le confort thermique

Le confort thermique d'une habitation est une « sensation de bien-être » qui dépend essentiellement des paramètres suivants :
- température de la pièce,
- température moyenne de la surface intérieure des parois de la pièce,
- flux thermique de la surface du plancher,
- vitesse de l'air,
- conditions atmosphériques, humidité de l'air.

En hiver, la zone de confort thermique se situe entre 19 et 23 °C suivant les individus.

En simplifiant, cette notion de confort peut être appréhendée en faisant la moyenne entre la température de la paroi intérieure du mur (notée t_{pm}) et la température ambiante de chauffage (notée t_a).

D'où :
$$tc = (t_a + t_{pm})/2$$

L'important n'est donc pas de chauffer la pièce (ce qui d'ailleurs peut provoquer un sentiment d'inconfort) mais de s'assurer que la différence de température entre t_a et t_{pm} est la plus faible possible, c'est-à-dire que la paroi conserve une température proche de celle de l'air ambiant (et de la température de confort).

Par exemple, prenons une température extérieure de – 10 °C.

Pour un **mur non isolé**, la température de paroi t_{pm} sera de 8 ° inférieure à celle de l'air ambiant t_a. Donc en chauffant à t_a = 24 °C, on obtiendra t_{pm} = 16 °C. D'où t_c = (16 + 24)/2 = 20 °C.

Pour un **mur isolé** avec un coefficient U = 0,60 W/m².K, la température de paroi t_{pm} sera de 2 ° inférieure à celle de l'air ambiant t_a.

Donc pour obtenir la même température de confort t_c = 20 °C, il suffira de chauffer à t_a = 21 °C. En effet (21+19)/2 = 20 °C.

En première approximation, il s'agit donc de la même température de confort thermique, pourtant dans le premier cas la température ambiante est de 24 °C et dans le second de 21 °C. Le second cas procurera évidemment une sensation plus agréable car l'air sera moins chaud mais uniformément réparti dans la pièce.

Les murs en béton cellulaire ayant un coefficient U compris entre 0,3 et 0,46, répondent parfaitement à cette exigence de confort thermique.

7.2. L'inertie thermique

Outre l'isolation thermique, la notion de confort thermique dans un bâtiment dépend aussi de la capacité thermique de la paroi, du temps de refroidissement de cette paroi, et, de l'amortissement thermique et du déphasage au travers de cette paroi.

Ces différents éléments ont été déterminés pour des parois en béton cellulaire de 30 cm et 25 cm d'épaisseur (l'*Hygrothermique dans le bâtiment – confort thermique d'hiver, d'été, condensations*, Maurice Croiset).

Les tableaux 3.11 rassemblent les éléments permettant d'apprécier le comportement thermique d'une paroi en béton cellulaire, sur un cycle de 24 heures. Ils donnent notamment, l'amortissement de l'onde sinusoïdale de chaleur au travers du matériau, ainsi que le déphasage résultant du délai de transfert de la chaleur à travers le matériau.

Les valeurs d'amortissement de l'onde de chaleur obtenues signifient qu'une faible quantité de chaleur entre dans l'espace intérieur : par exemple, pour un bloc en densité 400 et 30 cm d'épaisseur, seulement 3,42 % de l'énergie pénètre. Ainsi, avec une amplitude journalière de température de 15 à 35 °, la température intérieure varie de 24,5 à 25,5 °C (voir plus loin essai réalisé dans des conditions extrêmes).

On constate également que quelle que soit l'amplitude des variations dynamiques de température jour/nuit, un mur de 30 cm permet d'obtenir un déphasage idéal qui est de 13 h 00.

Ces deux propriétés sont particulièrement intéressantes en été, période de l'année ou les parois extérieures des bâtiments subissent dans la journée de fortes hausses de température dues au rayonnement solaire, tandis que la nuit la température peut énormément chuter.

Cette différence de température, si elle se ressent directement dans le bâtiment peut être très désagréable.

Un bon amortissement thermique ainsi qu'un bon déphasage vont permettre d'atténuer et de retarder les changements de température à l'intérieur du bâtiment.

Grâce au béton cellulaire de 30 cm d'épaisseur, la paroi contribuera à diminuer la température dans l'habitation au plus chaud de la journée. Inversement, pendant la nuit, au moment où la température est la plus fraîche, l'habitation bénéficiera d'une petite partie de l'apport thermique de la journée (voir graphiques de la figure 3.19).

Cet excellent compromis entre l'isolation thermique et l'inertie a été confirmé par un essai réalisé à l'Institut Fraunhofer pour la physique architecturale de Stuttgart.

Sur un mur en béton cellulaire de 25 cm d'épaisseur, des températures superficielles ont été mesurées pendant une période de 24 heures. Pour atteindre des températures particulièrement élevées, un mur situé à l'ouest a été choisi. Il a de plus été peint en noir afin d'augmenter sa capacité d'absorption de chaleur.

Tab. 3.11 • *Comportement thermique d'une paroi en béton cellulaire (cycles de 24 h)*

Épaisseur de paroi en cm	Caractéristiques		
	Masse volumique en kg/m^3	Conductivité thermique en W/mK	Chaleur massique en J/kg.K
30	400	0,12	1 000
25	400	0,12	1 000

Épaisseur de paroi en cm	Grandeurs thermiques				
	Admittivité J^2/m^4.K^2.s	Capacité thermique J^2/m^2.K	Rés. Therm. Bloc m^2.K/W	Diffusivité m^2/s	Effusivité J/m^2.K.s^{0,5}
30	50 160,00	120 000	2,50	2,87 E-07	223,96
25	50 160,00	100 000	2,08	2,87 E-07	223,96

Admittivité : retard et amortissement de l'onde sinusoïdale de chaleur sont directement fonction de la racine carré de ce produit, et à résistance thermique égale, plus cette valeur est grande plus le retard est grand et l'amortissement est long.
Capacité thermique : à l'égal d'un condensateur en électricité, c'est la quantité de chaleur stockée par un élément fini (ici 1 m^2 de paroi).
Diffusivité thermique : caractérise la vitesse de refroidissement d'un matériau : Plus la valeur est faible plus la surface se refroidit rapidement (le matériau diffusant moins).
Effusivité thermique : racine carré de l'admittivité, elle caractérise la réponse d'un milieu à une perturbation thermique non stationnaire, en simplifiant elle exprime la vitesse d'échauffement d'un matériau : plus cette valeur est grande plus la surface s'échauffe lentement.

Épaisseur de paroi en cm	Amortissement %	Retard		Vitesse de propagation de l'onde de chaleur cm/h
		s	h et mn	
30	3,42	46 427,0	12 h 53	2,33
25	6,00	38 689,2	10 h 44	2,33

Retard : déphasage entre l'onde émise et l'effet ressenti de l'autre coté de la paroi.
Vitesse de propagation de l'onde de chaleur : il s'agit de la vitesse de propagation au travers de la paroi.

Les fluctuations extérieures de température relevées au cours de cet essai étaient de l'ordre de 70 °C. Ces fluctuations ont été réduites considérablement grâce au comportement de la paroi en béton cellulaire, pour ne relever à l'intérieur qu'une augmentation de température de seulement 2 °C. Les résultats de cet essai sont illustrés par le graphique ci-contre.

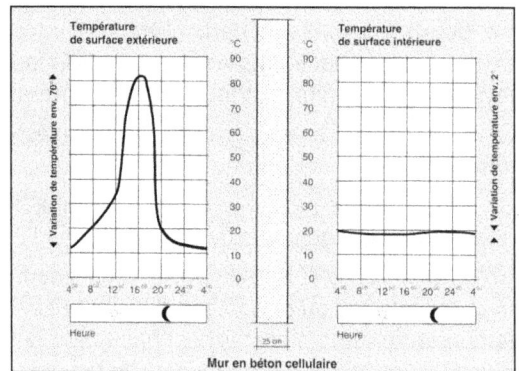

Fig. 3.19 • *Températures de surface*

7.3. Confort hygrothermique

De par sa structure homogène et isolante dans la masse, le bloc de béton cellulaire ne favorise pas le développement de condensation dans sa masse.

Facteur de résistance à la vapeur : μ = 10 (sec) et 6 (humide)

Teneur en eau à l'équilibre à 50 % HR : 4 % en poids.

CHAPITRE **4**

CARACTÉRISTIQUES ET PERFORMANCES ACOUSTIQUES

1. Notions de base

Notion médicale du bruit – Le bruit est un ensemble de sons désagréables et indésirables qui peut avoir des conséquences néfastes à long terme en influant sur l'organisme et le comportement.

Nuisances liées au bruit – Les nuisances liées au bruit sont multiples et variées :
– troubles psychomoteurs,
– stress,
– anxiété,
– insomnie,
– troubles cardio-vasculaires.

Prise de conscience de l'importance de l'isolation acoustique – Pour obtenir un bâtiment confortable sur le plan acoustique, il convient de réfléchir dès la conception sur la manière de favoriser une bonne isolation acoustique.

De nombreux facteurs sont déterminants pour assurer ce confort sonore : le choix des matériaux, l'orientation du bâtiment, les détails techniques de mise en œuvre.

Glossaire

R_{rose} : Indice d'affaiblissement acoustique d'une paroi pour un bruit rose.

R_w **(C, C_{tr})** : Indice d'affaiblissement acoustique pondéré d'une paroi (termes d'adaptation).

D_{nAT} : Isolement acoustique normalisé pour un bruit rose.

$D_{nT,A}$: Isolement acoustique standardisé pondéré pour un bruit rose.

R_{route} : Indice d'affaiblissement acoustique d'une paroi pour un bruit routier.

ΔL : Efficacité aux bruits de choc.

ΔL_w : Réduction du niveau de bruit de choc pondéré.

L_{nAT} : Niveau de pression acoustique normalisé.

$L'_{nT,w}$: Niveau de pression pondéré du bruit de choc standardisé.

α_w : Indice d'évaluation de l'absorption.

T : Durée de réverbération en secondes.

A : Aire d'absorption équivalente en m^2.

---

2. Spectre sonore

De la même façon que la lumière est décomposable par un prisme en un spectre de couleurs où chacune représente un intervalle de fréquences, le bruit se décompose en un large éventail de sons (de niveaux et de fréquences différents).

Une bonne analyse du spectre sonore permet une meilleure évaluation d'une situation acoustique. Pour analyser un bruit, il faut mesurer ou calculer le niveau sonore pour chacune des fréquences le composant.

En réalité, on travaille par bandes de fréquences d'une octave, l'octave étant l'intervalle entre une fréquence et son double. Chaque octave est désignée par sa fréquence médiane.

> **Note**
>
> Dans le milieu du bâtiment, et principalement pour l'isolation des habitations, on s'intéresse au spectre compris entre 125 Hz et 2 000 Hz.

3. Décibel pondéré

Pour tenir compte du fait que l'oreille n'est pas sensible de façon identique à toutes les fréquences, il est d'usage de pondérer les niveaux sonores de chaque fréquence selon un « filtre ». Cette pondération met en évidence le caractère subjectif de la sensibilité auditive en introduisant une unité physiologique à une mesure physique : c'est le décibel pondéré ou dB (A) (voir tableau 4.1).

Tab. 4.1 • _Pondération des niveaux sonores_

Fréquence (Hz)	125	250	500	1 000	2 000
Niveau sonore (dB)	60	66	78	75	72
Pondération (dB)	– 16	– 8	– 3	0	1
Niveau sonore (dB(A))	44	58	75	75	73

Le résultat obtenu traduit le niveau global perçu par l'oreille sur l'ensemble des fréquences.

4. Propagation dans les bâtiments

4.1. Barrière acoustique

Quand une onde sonore (fig. 4.1), dite « onde incidente » ①, rencontre une paroi, elle se décompose en :

- une onde transmise ② qui traverse la paroi et se propage dans le local voisin ;
- une onde réfléchie ③ renvoyée vers le local d'origine ;
- une onde absorbée ④ et dissipée en chaleur à l'intérieur de la paroi.

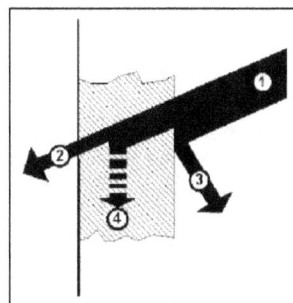

Fig. 4.1 • _Barrière acoustique_

4.2. Correction acoustique

La correction acoustique a pour but de traiter la propagation des bruits à l'intérieur d'un même local. En effet, le niveau sonore d'un local provient de la juxtaposition du bruit source et du bruit réfléchi sur les six parois du local (c'est pourquoi le bruit ne s'arrête pas en même temps que la source).

4.3. Isolation acoustique

L'isolation acoustique a pour but de traiter la propagation des bruits entre deux locaux voisins. En effet, l'énergie acoustique se transmet entre des locaux voisins par trois voies :
– la transmission directe : dépend de la nature de la paroi séparative ;
– les transmissions latérales : dépendent de la nature des parois latérales et du type de liaison entre les parois ;
– les transmissions parasites : dépendent des différents défauts de la paroi.

Attention

Il ne faut pas confondre **correction acoustique** (à l'intérieur d'un même local) et **isolation acoustique** (entre deux locaux).

4.4. Coefficient d'absorption α_w

Le coefficient d'absorption d'un mur est un nombre sans unité, compris entre 0 et 1, et est égal à :

$$\alpha = \frac{\text{énergie non réfléchie}}{\text{énergie incidente}} \quad \text{ou} \quad \alpha = \frac{\text{énergie transmise} + \text{absorbée}}{\text{énergie incidente}}$$

$\alpha = 0$: tous les bruits sont réfléchis. Par exemple, cas d'une surface plane et non poreuse.
$\alpha = 1$: tous les bruits sont absorbés (ou transmis). Par exemple, cas d'une fenêtre ouverte.

4.5. Réverbération et résonance

Réverbération : c'est la persistance d'un son dans un espace après l'interruption de la source sonore.

Temps de réverbération Tr : c'est le temps nécessaire pour obtenir une décroissance de 60 dB du niveau sonore après l'arrêt de la source sonore.

Il est également possible de calculer Tr, pour toutes les fréquences, avec la formule de Sabine qui donne une estimation du comportement acoustique d'un local :

$$Tr = (0,16 \times V)/A$$

V : volume du local en m^3
A : aire d'absorption équivalente

Note

L'aire d'absorption équivalente est égale à la somme de chaque surface que multiplie son coefficient alpha Sabine α_w.

$$A = \Sigma(S \times \alpha_w)$$

Résonance : c'est un phénomène de rémanence du son dans un local dû à des absorptions différentielles des parois et donc à des renvois décalés dans le temps des bruits incidents.

4.6. Mesure de l'isolement acoustique

Indice d'affaiblissement acoustique R (comme Réduction)

Cet indice ne prend en compte que la transmission directe et ne tient donc pas compte des transmissions latérales et parasites. Par conséquent, il est caractéristique de la qualité de la barrière acoustique au niveau :
– des parois horizontales (mur, cloison…) ;
– des parois verticales (plancher, plafond…) ;
– des baies (porte, fenêtre…).

Ainsi, plus R est grand, meilleure est l'isolation de la paroi.

Isolement brut D (comme Différence)

C'est la différence entre le niveau sonore dans le local d'émission (L1) et le niveau sonore dans le local de réception (L2).

$$D = L1 - L2 \text{ (en dB)}$$

L'isolement brut prend en compte la totalité de l'énergie parvenant au local de réception (transmissions directes, latérales et parasites).

Isolement normalisé Dn (comme Différence normalisée)

C'est l'isolement brut corrigé par un terme prenant en compte le temps de réverbération dans le local de réception (il permet de calculer l'aire d'absorption acoustique équivalente de ce local). Il est exprimé en dB(A).

$$D_n = L_1 - L_2 - \log(2T_r)$$

En pratique

$D_n = R - 5$ dB (A) pour $D_n < 50$ dB (A)
$D_n = R - 7$ dB (A) pour $D_n \geq 51$ dB (A7 Exemple : pour obtenir $D_n = 51$ dB (A), il faut avoir au moins $R \geq 58$ dB (A).

4.7. Bruit rose et bruit routier

Bruit rose : c'est un bruit normalisé destiné aux mesures acoustiques intérieures. Il correspond à un niveau sonore constant de 80 dB pour chaque bande d'octave.

Bruit routier : c'est un bruit normalisé destiné aux mesures acoustiques extérieures, comme le réseau routier ou ferroviaire. Les mesures sont effectuées sur des bandes de fréquences d'une octave dont les valeurs médianes sont normalisées (125 – 250 – 500 – 1 000 – 2 000 Hz).

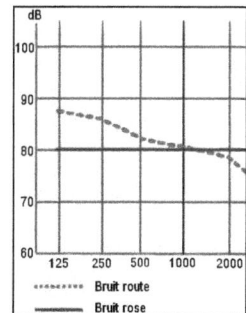

Fig. 4.2 • *Valeurs des bruits rose et routier*

5. Exigences réglementaires

5.1. Réglementation NRA

5.1.1. Textes réglementaires

La réglementation acoustique a évolué en 1994 et 1995 pour aboutir à la NRA, ou Nouvelle réglementation acoustique, appliquée depuis janvier 1996.

Avec la normalisation européenne, certains indices sont transposés dans tous les pays de l'Union européenne depuis le 1er janvier 2000 (arrêtés du 30 juin 1999). Ces indices concernent les méthodes de calcul des indices d'évaluation de la qualité acoustique des bâtiments et de la performance des produits de construction.

5.1.2. Applications pratiques

L'isolement acoustique entre locaux (cf. section 4.a de ce chapitre)

$$D = L1 - L2$$

Pour un isolement standardisé, la valeur unique imposée est DnT,w. Cependant, on utilise parfois en France deux termes, dits d'adaptation, C et Ctr.

$$DnT,w + C = DnT, A \text{ et } DnT,w + Ctr = DnTA,tr$$

$$DnT,w \text{ (C ; Ctr)} = 53 (-2 ; -5)$$

De plus, il y a un écart entre l'ancien DnAT rose et le nouveau DnT,A tel que :

DnT,A = DnAT − 1 en dB. Aujourd'hui, la réglementation impose un **isolement acoustique standardisé DnT,A de 53 dB** (au lieu de 54 dB (A) avant le 1er janvier 2000).

De même, pour les bruits extérieurs : **DnT,A,tr(dB) = DnAT** dB(route). La réglementation actuellement en vigueur demande un isolement standardisé pour un bruit routier **DnAT route de 30 dB** (au lieu de 30 dB (A) d'isolement normalisé DnT, A, tr)

Les **niveaux de bruits de chocs** – Les nouvelles directives européennes imposent d'exprimer les niveaux acoustiques standardisés sous la forme d'une valeur unique.

Les valeurs à prendre en compte en France ont été changées depuis le 1er janvier 2000 afin de se conformer aux normes européennes. La réglementation demande un niveau maximal de pression pondéré du **bruit de choc standardisé L'nT,w de 58 dB** (au lieu d'un niveau maximal de bruit de choc **LnAT de 65 dB (A)** auparavant).

5.2. Synthèse des valeurs réglementaires demandées

5.2.1. Bruits intérieurs

Tab. 4.2 • _Maisons individuelles et collectives_

Émission	Réception			
	Circulation intérieure	Cuisine	Cuisine	Pièce principale
Pièce principale	40	53		53
Cuisine		50		53
Pièce principale				
Garage avec porte				

Tab. 4.3 • _Habitat collectif_

Émission	Réception			
	Pièce principale	Cuisine et salle de bains	Pièce principale	Cuisine et salle de bains
Garage	55			
Garage		52		
Local activité	58			
Local activité		55		

Tab. 4.4 • _Détail pour les logements individuels_

	Local d'émission avec sources de bruit	Local de réception	
		Pièce principale	Cuisine et salle de bains
Bruits aériens intérieurs	Local d'un autre logement (sauf garage individuel)	53	50
	Circulation commune intérieure, locaux d'émission et de réception séparés par une porte palière et une porte de distribution	40	37
	Circulation commune intérieure au bâtiment Autres cas	53	50
	Garage individuel d'un logement ou garage collectif	55	52
	Local d'activité (sauf garage collectif)	58	55
Bruits aériens extérieurs	Espaces extérieurs	30	30
Bruits d'équipement	Appareil individuel de chauffage ou de climatisation dans les conditions normales de fonctionnement	35	50
	Ventilation mécanique	30	35
	Équipement collectif (ascenseurs, chaufferies ou sous-station de chauffage, transformateur, surpresseurs d'eau, vide-ordures) dans des conditions normales de fonctionnement	30	35
Bruits d'impact	Locaux extérieurs ou logement considéré	58	58

Tab. 4.5 • *Bâtiments destinés à l'enseignement*

Émission	Réception								
	Salle d'ensei-gnement	Salle d'activités pratiques	Bibliothèque CDI	Salle de musique	Infirmerie	Adminis-tration	Atelier peu bruyant	Salle de restauration	Salle polyvalente
Salle d'enseignement				40				37	37
Administration									
Infirmerie									
Atelier peu bruyant									
Salle d'activités pratiques									
Cuisine				47				47	47
Local de rassemblement									
Salle de réunion									
Sanitaire									
Cage d'escalier					40				
Circulation horizontale			27		37		27		
Vestiaire				50					
Salle de musique								47	47
Salle de restaurant								47	47
Salle polyvalente								47	47
Salle de sports								47	47
Atelier bruyant					52				

Émission	Réception									
	Enseignement	Administration	Activités physiques	Salle à manger	Escalier/sanitaire	Infirmerie	Atelier	Salle de musique	Salle de repos	Local technique
Circulation	40	40	40	35	35	40	40	40	50	50
Enseignement	45	45	51	51	51	45	55	55	55	65
Administration		45	51	51	51	45	55	55	55	65
Activités physiques			51	51	51	51	55	55	60	65
Salle à manger				40	51	51	55	51	60	55
Escalier/sanitaire					35	51	51	51	60	50
Infirmerie						40	55	55	50	65
Atelier							55	55	65	65
Salle de musique								55	65	65
Salle de repos									45	75

Tab. 4.6 • *Hôtels*

Émission	Réception	
	Chambre	Salle de bains
Chambre	47	
Salle de bains d'une autre chambre	47	
Bureau	47	
Local de repos	47	
Circulation intérieure	37	
Hall de réception	47	
Salle de lecture	47	
Salle de réunion	52	
Atelier	52	
Bar	52	
Commerces	52	
Cuisine-office	52	
Garage, parking, zone de livraison	52	
Gymnase, piscine	52	
Restaurant	52	
Sanitaire collectif	52	
Salle de TV	52	
Laverie	52	
Local poubelles	52	
Casino, salon de réception	57	
Club de santé, salle de jeux	57	
Discothèque, salle de danse		
Chambre voisine		42
Salle de bains d'une autre chambre		42
Circulation intérieure		37

Tab. 4.7 • *Bureaux*

Émission	Réception												
	Bureau cloisonné	Bureau paysagé	Direction, réunion	Bureau très confidentiel	Salle de formation	Salle informatique	Sanitaire	Circulation	Cafétéria	Restaurant	Hall, Altrium	Auditorium, conférence	Local technique
Bureau cloisonné	40	40	45	50	45	45	45	35	45	45	35	55	60
Bureau paysagé		35	45	50	45	40	40	30	40	40	30	50	55
Direction, réunion			40	45	45	50	50	40	50	50	40	60	65
Bureau très confidentiel				50	50	55	55	45	55	55	45	65	70
Salle de formation					45	50	50	40	50	50	40	60	65
Salle informatique						40	40	35	40	40	35	55	55
Sanitaire							35	35	35	35	35	55	50
Circulation								25	35	35	25	45	50
Cafétéria									35	35	35	55	50
Restaurant										35	35	55	50
Hall, altrium											25	45	50
Auditorium, conférence												65	70

Tab. 4.8 • *Valeurs limites pour les bruits d'impacts*

Type de bruit	dB
Bruit d'impact : niveau limite dans le local de réception	58

5.2.2. Bruits extérieurs

Extraits de l'arrêté du 30 mai 1996 :

« Art. 4

Le classement des infrastructures de transports terrestres et la largeur maximale des secteurs affectés par le bruit de part et d'autre de l'infrastructure sont définis en fonction des niveaux sonores de référence, dans le tableau suivant :

Si sur un tronçon de l'infrastructure de transports terrestres il existe une protection acoustique par couverture ou tunnel, il n'y a pas lieu de classer le tronçon considéré.

Si les niveaux sonores de référence évalués pour chaque période diurne et nocturne conduisent à classer une infrastructure ou un tronçon d'infrastructure de transports terrestres dans deux catégories différentes, l'infrastructure est classée dans la catégorie la plus bruyante.

Niveau sonore de référence Laeq (6h-22h) en dB(A)	Niveau sonore de référence Laeq (22h-6h) en dB(A)	Catégorie de l'infrastructure	Largeur maximale des secteurs affectés par le bruit de part et d'autre de l'infrastructure (1)
L > 81	L > 76	1	d = 300 m
76 < L ≤ 81	71 < L ≤ 76	2	d = 250 m
70 < L ≤ 76	65 < L ≤ 71	3	d = 100 m
65 < L ≤ 70	60 < L ≤ 65	4	d = 30 m
60 < L ≤ 65	55 < L ≤ 60	5	d = 10 m

1 : Cette largeur correspond à la distance définie à l'article 2 comptée de part et d'autre de l'infrastructure.

« Art. 6 :

Selon la méthode forfaitaire, la valeur d'isolement acoustique minimal des pièces principales et cuisines des logements contre les bruits extérieurs est déterminée de la façon suivante.

On distingue deux situations, celle où le bâtiment est construit dans une rue en U, celle où le bâtiment est construit en tissu ouvert.

A dans les rues en U

Le tableau ci-contre donne la valeur de l'isolement minimal en fonction de la catégorie de l'infrastructure, pour les pièces directement exposées au bruit des transports terrestres :

Ces valeurs sont diminuées, sans toutefois pouvoir être inférieures à 30 dB (A) :

Catégorie	Isolement minimal DnAT
1	45 dB(A)
2	42 dB(A)
3	38 dB(A)
4	35 dB(A)
5	30 dB(A)

– en effectuant un décalage d'une classe d'isolement pour les façades latérales ;

– en effectuant un décalage de deux classes d'isolement pour les façades arrières.

B en tissu ouvert

Le tableau suivant donne, par catégorie d'infrastructure, la valeur de l'isolement minimal des pièces en fonction de la distance entre le bâtiment à construire et :
– pour les infrastructures routières, le bord extérieur de la chaussée la plus proche ;
– pour les infrastructures ferroviaires, le bord du rail extérieur de la voie la plus proche.

Distance (2)	0	10	15	20	25	30	40	50	65	80	100	125	160	200	250	300
Catégorie 1	45	45	44	43	42	41	40	39	38	37	36	35	34	33	32	
Catégorie 2	42	42	41	40	39	38	37	36	35	34	33	32	31	30		
Catégorie 3	38	38	37	36	35	34	33	32	31	30						
Catégorie 4	35	33	32	31	30											
Catégorie 5	30															

Les valeurs du tableau tiennent compte de l'influence de conditions météorologiques standards.

Elles peuvent être diminuées de façon à prendre en compte l'orientation de la façade par rapport à l'infrastructure, la présence d'obstacles tels qu'un écran ou un bâtiment entre l'infrastructure et la façade pour laquelle on cherche à déterminer l'isolement, conformément aux indications du tableau suivant :

Situation	Description	Correction
Façade en vue directe.	Depuis la façade, on voit directement la totalité de l'infrastructure, sans obstacles qui la masquent.	Pas de correction
Façade protégée ou partiellement protégée par des bâtiments.	Il existe, entre la façade concernée et la source de bruit (l'infrastructure), des bâtiments qui masquent le bruit : – en partie seulement (le bruit peut se propager par des trouées assez larges entre les bâtiments), – en formant une protection presque complète, ne laissant que de rares trouées pour la propagation du bruit.	– 3 dB (A) – 6 dB (A)
Portion de façade masquée (1) par un écran, une butte de terre ou un obstacle naturel.	La portion de façade est protégée par un écran de hauteur comprise entre 2 et 4 mètres : – à une distance inférieure à 150 mètres, – à une distance supérieure à 150 mètres. La portion de façade est protégée par un écran de hauteur supérieure à 4 mètres : – à une distance inférieure à 150 mètres, – à une distance supérieure à 150 mètres.	 – 6 dB (A) – 3 dB (A) – 9 dB (A) – 6 dB (A)
Façade en vue directe d'un bâtiment.	La façade bénéficie de la protection du bâtiment lui-même : – façade latérale (2), – façade arrière.	– 3 dB (A) – 9 dB (A)

1 : Une portion de façade est dite masquée par un écran lorsqu'on ne voit pas l'infrastructure depuis cette portion de façade.
2 : Dans le cas d'une façade latérale d'un bâtiment protégé par un écran, une butte de terre ou un obstacle naturel, on peut cumuler les corrections correspondantes.

La valeur obtenue après correction ne peut en aucun cas être inférieure à 30 dB (A).

Que le bâtiment à construire se situe dans une rue en U ou en tissu ouvert, lorsqu'une façade est située dans le secteur affecté par le bruit de plusieurs infrastructures, une valeur d'isolement est déterminée pour chaque infrastructure selon les modalités précédentes.

Si la plus élevée des valeurs d'isolement obtenues est supérieure de plus de 3 dB (A) aux autres, c'est cette valeur qui sera prescrite pour la façade concernée. Dans le cas contraire, la valeur d'isolement prescrite est égale à la plus élevée des valeurs obtenues pour chaque infrastructure, augmentée de 3 dB (A).

Lorsqu'on se situe en tissu ouvert, l'application de la réglementation peut consister à respecter soit :
– la valeur d'isolement acoustique minimal directement issue du calcul précédent ;
– la classe d'isolement de 30, 35, 38, 42, ou 45 dB (A), en prenant, parmi ces valeurs, la limite immédiatement supérieure à la valeur calculée selon la méthode précédente. »

6. Isolation acoustique

L'isolation acoustique a pour but de réduire les transmissions sonores qui se propagent entre les locaux, figure 4.3.

Les transmissions sont soit directes (flèche noire) soit indirectes (flèches grises).

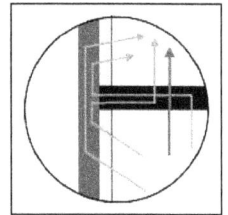

Fig. 4.3 • *Transmissions sonores*

Pour calculer le gain apporté par chaque solution, on utilise la formule suivante :

$$R = 10 \log\left(\frac{\text{Tr avant correction}}{\text{Tr après correction}}\right)$$

6.1. Isolation aux bruits aériens

6.1.1. Bruits aériens extérieurs

Une bonne étanchéité au niveau des joints est essentielle afin de préserver la qualité acoustique des locaux. Ainsi, les encadrements des fenêtres, les interstices des portes, les conduits de cheminées ou de tuyauteries sont à surveiller.

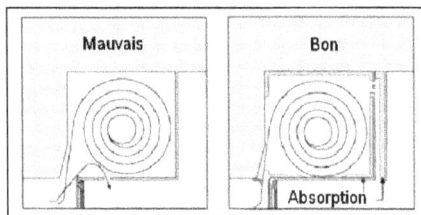

Fig. 4.4 • *Exemple d'étanchéité au niveau d'un caisson de volet roulant*

6.1.2. Bruits aériens intérieurs

L'isolement Dn entre deux locaux est égal à l'indice d'affaiblissement R de la paroi séparative diminué des transmissions du bruit par les parois latérales, dites transmissions latérales. Les transmissions latérales dépendent de la nature des parois solidaires de la paroi séparative.

Autant des isolants souples peuvent améliorer l'acoustique générale, autant les isolants rigides peuvent contribuer à accentuer les transmissions latérales et nuisent ainsi au comportement acoustique de la paroi.

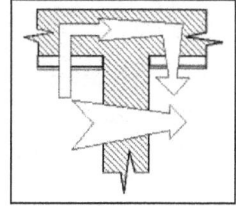

Fig. 4.5 • _La transmission latérale_

6.2. Isolation aux bruits d'impacts

Une bonne isolation aux bruits d'impacts peut être obtenue par l'utilisation d'un revêtement textile pour les sols, soit par l'utilisation d'une sous-couche de sol souple (liège, mousse), soit par la mise en place d'une dalle flottante en béton.

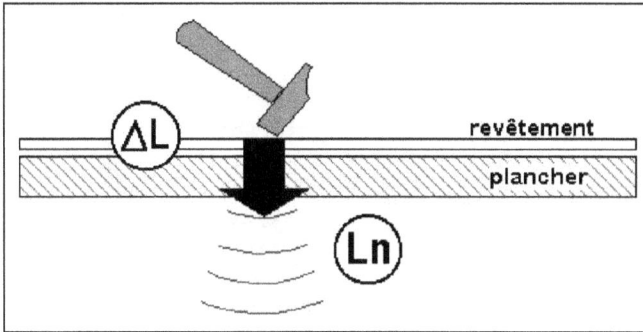

Fig. 4.6 • _Le revêtement pour isoler le bruit d'impact_

7. Valeurs de base pour le béton cellulaire

7.1. Indices d'affaiblissement acoustique (R)[1]

Murs extérieurs

Murs							
Blocs/Jumbo/Modulbloc		200	25/50 × 62,5/100	400	42 [−2 : −6]	40	36
				550	44 [−2 : −5]	43	39
		250	25/50 × 62,5/100	400	44 [−2 : −6]	42	38
				550	46 [−1 : −5]	45	41
	enduits 2 faces	250	25/50 × 62,5/100	500	48 [−1 : −4]	47	44
				400	46 [−2 : −6]	44	40
	enduits 2 faces	300	25/50 × 62,5/100	400	49 [−1 : −5]	48	44

Mitoyens et séparatifs composites
Isolant acoustique : laine minérale

Parois composites						
Cloisons/murs	Épais-seur (mm)	Dimensions (cm)	MVn	R_w (C : C_w)	R_A	R_A
Carreaux 150 + doublage acoustique 10 + 40	200	25/50 × 62,5	550	53 [−2 : −9]	51	44
Blocs 200 + doublage 10 + 40	250	25/50 × 62,5	550	54 [−2 : −9]	52	45
Blocs 250 + doublage 10 + 50	310	25/50 × 62,5	500	62 [−2 : −10]	60	52
Blocs 250 + doublage 10 + 70	330	25/50 × 62,5	500	63 [−2 : −10]	61	53
Plancher Thermopierre						
Dalle 200 + laine minérale 40 + chape 40	280	100 à 480 × 60	600	57 [−1 : −7]	56	50
Dalle 200 + laine minérale 40 + chape 60	300	100 à 480 × 60	600	58 [−2 : −6]	56	52
Dalle 240 + laine minérale 40 + chape 40	320	100 à 530 × 60	600	59 [−2 : −8]	57	51
Dalle 240 + laine minérale 40 + chape 60	340	100 à 530 × 60	600	59 [−1 : −6]	58	53
Dalle 300 + laine minérale 40 + chape 40	380	100 à 560 × 60	600	60 [−2 : −7]	58	53
Dalle 300 + laine minérale 40 + chape 60	400	100 à 560 × 60	600	61 [−2 : −6]	59	55
Parois doubles						
Carreaux 70 + laine de roche 25 + carreaux 70	165	25/50 × 60	550	56 [−2 : −6]	54	50
Cloison hauteur d'étage 70 + laine de roche 25 + cloison hauteur d'étage 70	165	240 à 300 × 60	550 à 600	56 [−2 : −7] 61 [−1 : −5]	54 60	49 56
Carreaux 70 + laine de roche 40 + carreaux 70	180	25/50 × 60	750 à 800	58 [−1 : −4]	57	54
Cloison hauteur d'étage 70 + laine de roche 40 + cloison hauteur d'étage 70	180	240 à 300 × 60	550	58 [−2 : −5] 63 [−1 : −5]	56 62	53 58
Carreaux 100 + laine de roche 40 + carreaux 100	240	25/50 × 60	550 à 600	59 [−1 : −4]	58	55
Cloison hauteur d'étage 100 + laine de roche 40 + cloison hauteur d'étage 100	240	240 à 300 × 60	750 à 800	59 [−1 : −4] 64 [−1 : −5]	58 63	55 59
Mur 150 + laine de roche 25 + mur 150	325	25/50 × 60	550	59 [−1 : −6]	58	53
Dalle verticale porteuse 200 + laine de roche 30 + dalle verticale porteuse 200	430	300 × 60	550	68 [−1 : −7]	67	60

Séparatifs simples

Parois simples						
Carreaux	70	25/50 × 62,5	550	36 [−1 : −3]	35	33
Cloison hauteur d'étage	70	240 à 300 × 62,5	550 à 600 750 à 800	36 [−1 : −3] 39 [0 : −3]	35 39	33 36
Carreaux	100	25/50 × 62,5	550	39 [−1 : −4]	38	35
Cloison hauteur d'étage	100	240 à 300 × 62,5	550 à 600 750 à 800	39 [−1 : −4] 41 [0 : −3]	38 41	35 38
Carreaux	150	25/50 × 62,5	550	42 [−1 : −4]	41	38

(1) Valeurs extraites d'une étude complète réalisée par Gamba Acoustique pour le compte de Ytong.

7.2. Exemples de solutions techniques pour le béton cellulaire

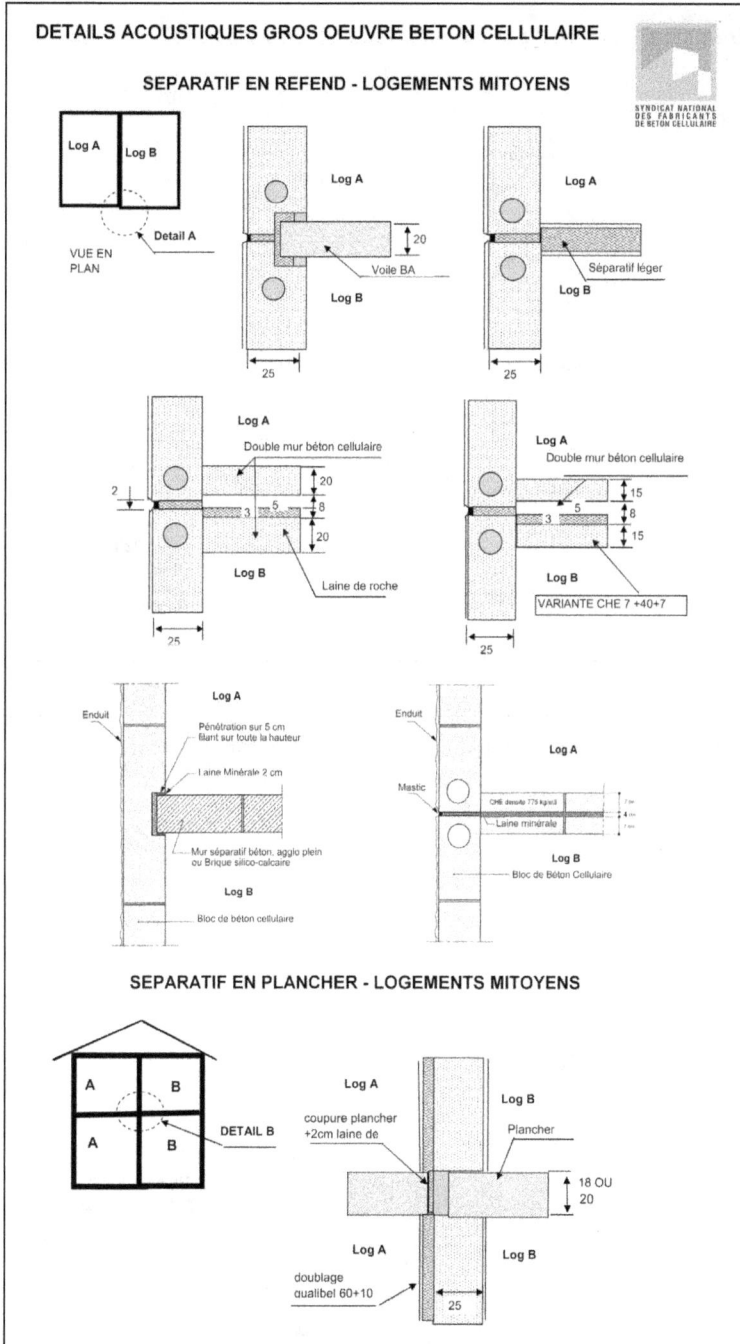

DETAILS ACOUSTIQUES GROS OEUVRE BETON CELLULAIRE

SEPARATIF EN REFEND - LOGEMENTS MITOYENS

SEPARATIF EN PLANCHER - LOGEMENTS MITOYENS

Fig. 4.7 • *Détail des liaisons mur extérieur/refend et refend/plancher*

7.3. Isolements acoustiques $(D_{nT,A})^1$

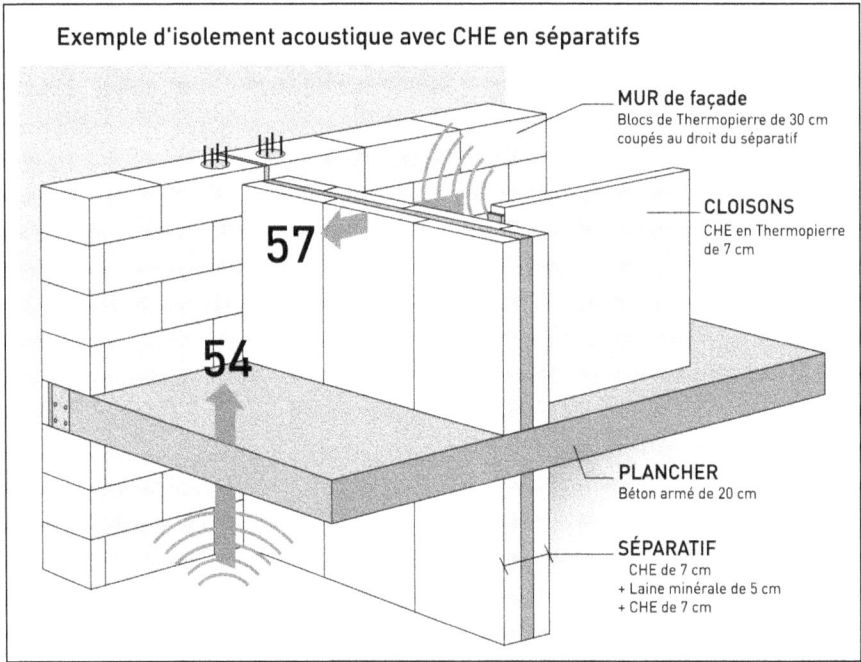

Exemple d'isolement acoustique avec CHE en séparatifs

MUR de façade
Blocs de Thermopierre de 30 cm
coupés au droit du séparatif

CLOISONS
CHE en Thermopierre
de 7 cm

57

54

PLANCHER
Béton armé de 20 cm

SÉPARATIF
CHE de 7 cm
+ Laine minérale de 5 cm
+ CHE de 7 cm

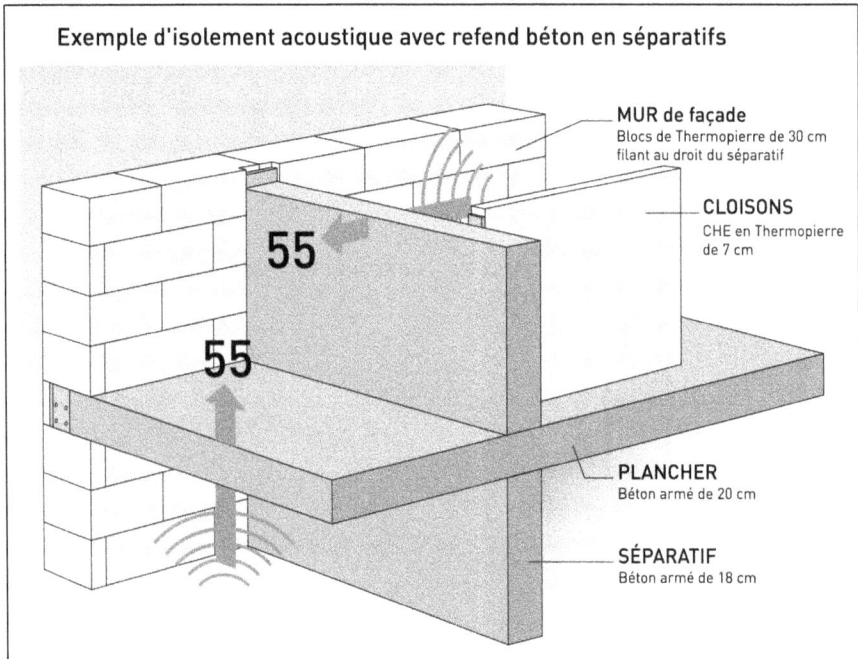

Exemple d'isolement acoustique avec refend béton en séparatifs

MUR de façade
Blocs de Thermopierre de 30 cm
filant au droit du séparatif

CLOISONS
CHE en Thermopierre
de 7 cm

55

55

PLANCHER
Béton armé de 20 cm

SÉPARATIF
Béton armé de 18 cm

1) Valeurs extraites d'une étude complète réalisée par Gamba Acoustique pour le compte de Ytong.

7.4. Préconisations du Cerib reprises par le SFBC

Le tableau 4.9 constitue une synthèse des dispositions applicables avec le béton cellulaire.

Tab. 4.9 • *Préconisations*

Type de logement	Maisons individuelles en bandes				Logements collectifs
Type de mur	Mur simple séparatif		Mur double séparatif		Façades simples
	Façades	Murs séparatifs	Façades	Murs séparatifs	
Épaisseur des blocs (cm)	≥ 25	25	> 20	2×20	≥ 30
Densité des blocs (kg/m^3)	X	500	X	500	400
Autres dispositions	X	Doublage ESA5	X	Isolant souple de 3 cm	Voir détails fig. 4.7 selon les matériaux utilisés

Chapitre 5

Tenue au feu

1. Réglementation

En France, il existe de nombreuses exigences en matière de sécurité contre les risques d'incendie et de panique.

Elles sont données par différents textes issus des documents suivants :
- le Code des communes ;
- le Code de l'urbanisme ;
- le Code du travail et de l'environnement ;
- le Code de la construction et de l'habitation ;
- l'APSAD (règlement des compagnies d'assurance).

Elles imposent des règles minimales de prévention incendie à observer afin de garantir la protection et la sécurité des personnes et des biens dans les différents types de bâtiments :
- bâtiments d'habitation ;
- immeubles de grande hauteur (IGH) ;
- établissements recevant du public (ERP) ;
- installations classées pour la protection de l'environnement (ICPE).

Ces réglementations font la distinction entre deux notions de comportement vis-à-vis du feu, présentées ci-après.

1.1. La réaction au feu

Elle permet d'évaluer la participation du matériau au développement et à la propagation du feu.

Les essais de réaction au feu conduisent à une classification allant de A1 (incombustible) à F (inflammable).

Cette nouvelle classification A1 – F, définie dans l'arrêté du 21 novembre 2002, remplace l'ancienne classification M0 – M4 (arrêté du 30 juin 1988). Elle est directement issue de la norme européenne NF EN 13501-1.

> Tous les produits en béton cellulaire, porteurs ou non, blocs ou éléments armés, sont classés A1.

1.2. La résistance au feu

Elle permet de mesurer l'aptitude que possède un matériau à assurer sa fonction portante et à s'opposer à la transmission du feu.

Les critères permettant de déterminer le degré de résistance au feu des éléments de construction, fixés par l'arrêté du 3 août 1999, sont les suivants.

La résistance mécanique : indique le temps pendant lequel l'élément de construction assure sa fonction portante.

L'étanchéité aux gaz et aux flammes : le matériau doit rester étanche aux flammes, aux fumées et aux gaz chauds qui pourraient propager l'incendie aux locaux voisins.

L'isolation thermique : le matériau et le revêtement situés de l'autre côté du mur ne doivent pas s'enflammer spontanément avec l'augmentation de température. L'échauffement de la face non exposée au feu ne doit pas être de plus de 140 °C en moyenne ni de 180 °C en un point par rapport à la température initiale.

Ces degrés de résistance sont les suivants : 1/4 h, 1/2 h, 1 h, 1h30, 2 h, 3 h, 4 h, 6 h.

Le classement de résistance au feu s'effectue ensuite selon trois catégories :
– stable au feu (SF) : pour laquelle seul le critère 1 est requis ;
– pare-flammes (PF) : pour laquelle les critères 1 et 2 sont requis ;
– coupe-feu (CF) : pour laquelle tous les critères sont requis.

2. La résistance au feu des parois en béton cellulaire

Différents éléments en béton cellulaire ont subi des tests de résistance au feu, réalisés par les laboratoires du CSTB (Centre scientifique et technique du bâtiment). Ces tests ont donné lieu à des résultats publiés sous forme de procès-verbaux, les PV d'essais du CSTB, dont la durée de validité est établie pour cinq ans.

Les références de ces procès verbaux ainsi que les éléments auxquels ils se rapportent sont regroupés dans le tableau 5.1.

Tab. 5.1 • *Résultats des derniers procès verbaux*

Éléments	Épaisseur (cm)	Classement coupe-feu*	Numéro de procès-verbal
Blocs porteurs et isolants	15	6 h	RS 01-104 (CSTB)
	20	6 h	RS 01-105 (CSTB)
Dalles de planchers et dalles de toitures	De 10 à 30 cm	De 0 h 30 à 4 h	RS 01-166 (CSTB)
CHE (Cloisons Hauteur d'Étage)	7	1 h 30	RS 00-217 (CSTB)
CHE (Cloisons Hauteur d'Étage)	10	2 h	RS 01-063 (CSTB)
Bardage (panneaux horizontaux)	15	6 h	RS 00-204 (CSTB)
Bardage (panneaux verticaux)	15	6 h	97.U.040 (CTICM)

* La durée coupe-feu des dalles est déterminée non pas suivant l'épaisseur propre de la dalle, mais par l'épaisseur de l'enrobage situé entre l'armature et la face en contact avec le volume à risque d'incendie.

Le béton cellulaire combine deux qualités essentielles qui lui confèrent un excellent comportement vis-à-vis du feu : une réaction au feu nulle et une très bonne résistance au feu.

L'exposition prolongée du béton cellulaire à une forte chaleur en cas d'incendie n'influence pratiquement pas la structure du matériau. Aucune déformation ne se produit qui puisse donner lieu, à son tour, à une propagation des flammes, à la formation de fumées ou à un apport d'oxygène au foyer de l'incendie depuis les espaces adjacents.

Ces propriétés physiques en font l'un des matériaux les plus performants pour la construction de murs pare-flammes et coupe-feu.

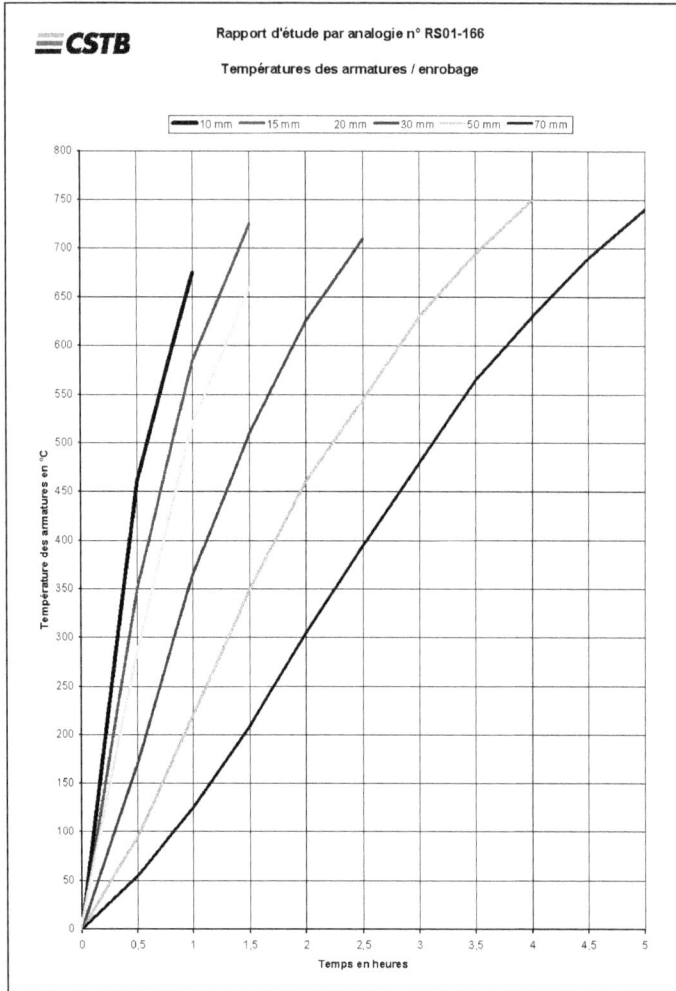

Fig. 5.1 • *Températures des armatures/enrobage*

3. Flux thermique

Dans le cadre de la réglementation des installations classées pour la protection de l'environne-ment, l'étude des dangers d'une installation doit contenir une analyse des risques conduisant à définir des scénario d'accidents. Cette étude met en avant les effets du flux thermique.

La surface des zones de feu retenues dans l'étude est celle contenue entre les parois extérieures et les murs coupe-feu. Les parois non coupe-feu type métalliques ne font pas obstacle à la pro-pagation du flux thermique.

Pour réduire les effets du flux thermique, il faut soit :

– augmenter le recoupement des cellules et réduire les surfaces au feu ;
– mettre en place des écrans s'opposant à la propagation du flux thermique.

La sollicitation de l'écran thermique est d'environ 500 °C pendant plusieurs heures. Il faut que l'écran tienne, et il faut qu'il résiste seul à de telles températures. Un mur coupe-feu en béton cellulaire de 15 cm d'épaisseur constitue un écran de 6 h face à une température de 1 000 °C, avec une température de la face opposée ne s'élevant pas à plus de 100 °C au bout de 6 h. Il est à noter que le mur coupe-feu constitue un écran durable qui s'oppose à la propagation des incendies entre deux cellules d'un entrepôt, mais aussi vers l'extérieur s'il est positionné en façade.

Exemple de calcul de gain de distance entre deux bâtiments grâce au mur coupe-feu en façade

Étudions le cas d'un bâtiment à usage d'entrepôt de stockage de produits combustibles de grande consommation caractérisés par une vitesse de combustion élevée et une émittance de flamme moyenne :
- vitesse de combustion moyenne : 30 g/m^2.s
- émittance : 30 kW/m^2
- cellule étudiée : 100 m × 50 m, soit 5 000 m^2
- hauteur de bâtiment : 12,5 m
- hauteur maximale de stockage : 10 m

Voici les distances d'effet des flux thermiques :

Côté de la cellule	Flux de 5 kW/m^2	Flux de 3 kW/m^2
100 m	48 m	82 m
50 m	42 m	64 m

Voici, pour la même cellule, mais avec un mur coupe-feu en façade, les valeurs des distances d'effet des flux thermiques :

Côté de la cellule	Flux de 5 kW/m^2	Flux de 3 kW/m^2
100 m	25 m	45 m
50 m	22 m	39 m

Si le projet se situe en zone industrielle, sans cible sensible, le mur coupe-feu permet de s'implanter à 25 m de la clôture au lieu de 48 m.

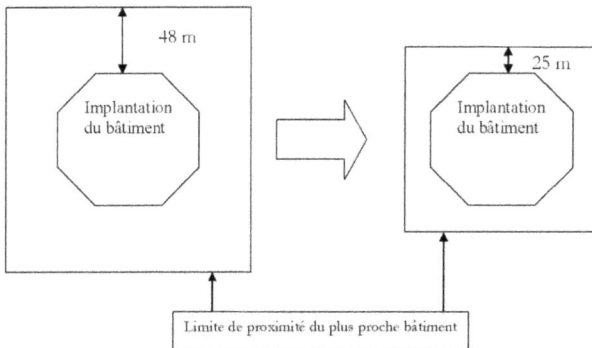

En zone avec voisinage sensible (SNCF, ERP), la distance limite de propriété passe de 82 à 45 m.

4. Réglementation (d'après norme APSAD – règle R15)

Dans la construction de bâtiments, et dans le cadre de la prévention des risques liés aux incendies, il existe une différence entre les murs coupe-feu et les murs pare-feu. Dans le texte qui suit, nous avons donné une large place à ces règles, qui constituent aujourd'hui un référentiel dans le domaine.

4.1. Mur séparatif coupe-feu

Selon la règle R15 :

« Le mur séparatif coupe-feu est destiné à séparer deux bâtiments ou deux parties d'une même construction de telle sorte que tout incendie se déclarant d'un côté du mur séparatif coupe-feu ne puisse pas se propager de l'autre côté. Il doit également s'opposer au passage des fumées.

Le mur séparatif coupe-feu doit être autoporteur afin de rester en place et continuer à jouer son rôle même si une des parties qu'il sépare s'effondre.

Le mur séparatif coupe-feu doit être au moins coupe-feu 4 h, quelle que soit la face du mur exposée à l'incendie. »

C'est un aspect très important lorsqu'il s'agit d'isoler des locaux dans lesquels se trouvent des outils de production, ou bien dans lesquels sont stockés des matériaux, inflammables ou non.

Toujours selon les règles R15 :

« Dans le sens de la hauteur, aucun décrochement n'est accepté : le mur séparatif coupe-feu doit être vertical, de la base au faîte. Dans le sens de la longueur, des décrochements peuvent être tolérés. Dans ce cas, des dispositifs doivent être prévus pour absorber les déformations du mur et éviter des désordres au niveau des angles.

[…]

Le mur séparatif coupe-feu ne peut être porteur que si les éléments supportés s'appuient sur des supports de type consoles ou corbeaux par l'intermédiaire d'appuis glissants (Néoprène, Téflon, …).

[…]

Tous les éléments supportés d'un côté ou de l'autre du mur doivent pouvoir se dilater et échapper éventuellement à leurs supports sans provoquer de détérioration du mur et, en particulier, sans remettre en cause sa stabilité au feu.

[…]

Si le compartiment à l'épreuve du feu comporte une ossature et des éléments de remplissage, la conception du système doit permettre, en cas d'incendie, la dilatation thermique des différents éléments constitutifs.

[…] »

Actuellement, la construction d'un mur séparatif coupe-feu à ossature métallique n'est pas admise, sauf dans le cas d'un mur séparatif coupe-feu à 2 parois.

4.2. Mur séparatif ordinaire (MSO)

Selon la règle R15 :

« Le mur séparatif ordinaire a pour objet de constituer, dans un bâtiment, une ligne naturelle de défense contre l'incendie sur laquelle les services de secours peuvent s'appuyer pour limiter la propagation du feu.

[...]

Le mur séparatif ordinaire doit être au moins coupe-feu 2 h, quelle que soit la face du mur exposée à l'incendie.

[...]

Il doit être construit selon les règles de calcul habituelles des matériaux concernés, et suivant les normes correspondantes.

[...]

Si le mur séparatif ordinaire comporte une ossature et des éléments de remplissage, la conception du système de construction doit permettre, en cas d'incendie, la dilatation thermique des différents éléments constitutifs.

[...]

Dans le sens de la hauteur, aucun décrochement n'est accepté : le mur séparatif ordinaire doit être vertical de la base au faîte.

[...]

Dans le sens de la longueur, les décrochements peuvent être tolérés si chacun des angles qu'ils constituent est suffisamment renforcé.

[...]

En cas de traversée du mur séparatif ordinaire par des éléments horizontaux (poutres, pannes, ...), ces éléments devront être en matériaux A1.

Dans ce cas, on veillera :

– au calfeutrement de ces éléments au niveau du passage ;
– à ce que, sur une distance de 2,50 m de part et d'autre du mur, ces éléments horizontaux ne soient pas au contact de matériels, matériaux ou marchandises afin de limiter le risque de propagation. »

4.3. Compartiment à l'épreuve du feu

Selon la règle R15 :

« Le compartiment à l'épreuve du feu est une construction qui doit offrir suffisamment de sécurité pendant 90 à 120 minutes. Les parois devront donc être au minimum CF 1h30. Au cours de ce délai, le feu ne doit pas se propager aux autres locaux.

Il doit isoler, à l'intérieur du bâtiment, une activité ou un stockage aggravant (matières inflammables par exemple). En aucun cas il ne peut être considéré comme un compartiment destiné à protéger des matériels ou des marchandises d'un incendie survenu à l'extérieur du compartiment.

Cette solution permet d'assurer la sécurité des personnes présentes dans les locaux le temps de les évacuer, et de limiter le risque de propagation des flammes. »

La définition actuelle du compartiment à l'épreuve du feu ne tient pas compte de la résistance à l'explosion.

Toujours selon la règle R15 :

« Le compartiment à l'épreuve du feu doit être implanté au rez-de-chaussée du bâtiment qui le contient. De plus, il doit avoir au moins une paroi accessible directement depuis l'extérieur du bâtiment.

Les éléments d'ossature du bâtiment (poutres, poteaux…) ne devront, dans la mesure du possible, ni traverser le volume occupé par le compartiment à l'épreuve du feu, ni être incorporés dans ses parois. Si ces exigences ne peuvent être respectées, les éléments d'ossature traversant le compartiment devront être rendus SF 1h30, et ceux inclus dans les parois CF 1h30.

[…]

La surface du bâtiment est limitée à 250 m^2 et sa profondeur (mesurée à partir de la paroi extérieure) ne doit pas excéder 15 m. »

4.4. Caractéristiques communes au mur séparatif coupe-feu, séparatif ordinaire et au compartiment à l'épreuve du feu

D'une manière générale, tous les matériaux constitutifs des ces trois constructions doivent être classés A1 et avoir une résistance mécanique suffisante pour supporter les effets de chocs et les vibrations inhérents à l'exploitation des bâtiments. De plus, les matériaux de remplissage sensibles à l'action de l'eau des lances d'incendie (notamment à la pression exercée par celles-ci) ne doivent pas être utilisés.

L'élancement entre chaînages horizontaux des matériaux de remplissage doit être inférieur ou égal à 35.

5. Règles de construction

5.1. Mur séparatif coupe-feu

5.1.1. Dépassement en partie haute

À sa partie la plus haute, le mur séparatif coupe-feu doit dépasser d'au moins 70 cm le point le plus haut des couvertures situées dans une zone de 7 m de part et d'autre du mur.

Ce dépassement a pour but d'une part d'éviter que, sous l'action des flammes et/ou de leur rayonnement, le feu ne franchisse le mur, d'autre part de créer un écran derrière lequel les secours peuvent s'abriter afin d'arroser efficacement la partie sinistrée.

Dans le cas de bâtiments de hauteurs différentes

Lorsque la différence de hauteur des bâtiments n'excède pas 15 m, il est admis que le dépassement soit compté à partir du nu extérieur du bâtiment le plus bas (sous réserve que le mur coupe-feu soit implanté à plus de 7 m de toute façade du bâtiment le plus haut).

Lorsque la différence de hauteur est supérieure à 15 m, il est admis que le mur séparatif s'élève jusqu'à la couverture du bâtiment le plus haut sans le dépasser, ou que le dépassement du mur soit limité à 70 cm par rapport au nu extérieur du bâtiment le plus bas (sous réserve qu'il soit implanté à plus de 15 m de toute façade du bâtiment le plus haut).

5.1.2. Dépassement sur les côtés

Sur les côtés du bâtiment, le mur séparatif coupe-feu doit dépasser de 50 cm par rapport au nu extérieur de la façade. Des exceptions existent dans les cas suivants :
– si, de part et d'autre du mur, il existe une bande d'au moins 2 m de large en matériaux classés A1, coupe-feu 2 h et ne comportant aucune ouverture ;
– si le mur coupe-feu comprend, sur une longueur de 4 m, un ou deux retours ne comportant aucune ouverture et présentant les mêmes caractéristiques que le mur coupe-feu.

Note

Dans le cas de bâtiments formant un angle droit, lorsque l'extrémité du mur passe par l'arête ou à moins de 4 m de l'arête de l'angle formé par les façades des bâtiments, le mur doit être prolongé d'au moins 4 m, soit d'un côté ou de l'autre de l'arête, soit des deux côtés de telle sorte que la distance entre les extrémités des deux prolongements soit au minimum de 4 m. Pour un angle différent, l'avis d'un organisme de contrôle agréé doit être demandé.

5.1.3. Ouvertures et passages

Aucune ouverture ni aucun passage ne devrait être pratiqué au travers d'un mur coupe-feu. Toutefois, des contraintes techniques et d'exploitation peuvent conduire à déroger à ce principe.

Dans ce cas, le nombre de ces ouvertures ou passages pratiqués doit être réduit au strict minimum et leur équipement doit être conçu de manière à ce que soient préservées toutes les qualités de comportement au feu du mur coupe-feu.

Les ouvertures pratiquées doivent être équipées de portes doubles coupe-feu 1 h 30 et pare-flammes 2 h, à fermeture automatique et répondant aux prescriptions de conception et de pose définies dans la règle APSAD R16. La mise en place d'autres dispositifs de fermeture, en plus des portes coupe-feu, n'est pas autorisée dans le cas du mur séparatif coupe-feu.

5.2. Mur séparatif ordinaire

5.2.1. Dépassement en partie haute

Aucune coupure de la toiture par le mur séparatif ordinaire n'est prescrite lorsque la toiture est une toiture-terrasse en béton armé ou lorsque tous les éléments constitutifs de la toiture sont des matériaux classés A1, sur une distance minimale de 2,50 m de part et d'autre du mur séparatif ordinaire.

Si l'un des éléments de la couverture est en matériau ondulé (quelle que soit la forme des ondes), il convient de bourrer soigneusement, à l'aide de matériaux classés A1, les ondes situées au faîte du mur séparatif ordinaire afin d'éviter tout passage de gaz chauds et/ou de flammes.

En dehors des cas cités précédemment, et notamment dans le cas d'une couverture construite selon le cahier des spécifications relatif aux couvertures isolantes en acier revêtues d'une étanchéité, on devra opter pour l'une des dispositions suivantes :

– dépassement d'au moins 0,70 m du point le plus haut des couvertures dans une zone de 2,50 m de part et d'autre du mur séparatif ordinaire ;
– coupure de la toiture et mise en place d'un revêtement en matériau classé A1 sur une distance d'au moins 2,50 m de part et d'autre du mur séparatif ordinaire.

5.2.2. Dépassement sur les côtés

Aucun dépassement du mur séparatif ordinaire n'est exigé lorsque, au droit de ses extrémités, de part et d'autre du mur et sur toute la hauteur du bâtiment, les façades du bâtiment sont, sur une largeur de 2,50 m, en matériaux classés A1 et sans ouverture.

Toutefois, cette largeur pourra être réduite à 1 m si la façade est en matériaux classés A1, et présente un degré coupe-feu 2 h. Si ces conditions ne sont pas remplies, le mur séparatif ordinaire doit déborder de 0,50 m par rapport au nu extérieur de la façade.

5.2.3. Ouvertures et passages

Les ouvertures pratiquées dans un mur séparatif ordinaire doivent être équipées de portes simples coupe-feu 1h30 et pare-feu 2 h, à fermeture automatique et répondant aux prescriptions de pose définies dans la règle APSAD R16.

Les dispositifs installés en toiture, par lesquels flammes et chaleur sont susceptibles de s'échapper rapidement, ne doivent pas être disposés à moins de 2,50 m de part et d'autre du mur séparatif ordinaire.

5.2.4. Joint de dilatation et étanchéité

La présence de joints de dilatation dans un mur séparatif ordinaire de grande longueur ne doit pas remettre en cause sa résistance au feu. Ces joints doivent être traités en conséquence.

Lorsque la nature de la couverture justifie que le mur séparatif ordinaire coupe la toiture du bâtiment, le revêtement d'étanchéité ne doit pas passer au-dessus du mur et doit être interrompu.

5.3. Compartiment à l'épreuve du feu

5.3.1. Paroi extérieure

Sur une hauteur de 2 m au-dessus du linteau de l'ouverture la plus élevée, la paroi extérieure doit être aveugle et coupe-feu 1h30.

Toutefois, en cas de présence d'un auvent, soit réalisé par un dépassement du plancher haut du compartiment à l'épreuve du feu, soit rapporté et coupe-feu 1h30, alors cette hauteur pourra être réduite de la profondeur de l'auvent.

5.3.2. Dépassement en partie haute

Ces conditions s'appliquent aux compartiments à l'épreuve du feu dont les parois verticales s'élèvent jusqu'à la couverture du bâtiment.

Aucun dépassement de toiture n'est exigé lorsque la toiture est une toiture-terrasse en béton armé ou tous les éléments constitutifs de la toiture sont en matériaux classés A1.

Toute sous-toiture devra être coupée par la paroi du compartiment à l'épreuve du feu. En dehors des cas cités précédemment, les parois verticales du compartiment devront dépasser de la couverture d'au moins 70 cm.

5.3.3. Dépassement sur les côtés

Les parois verticales perpendiculaires à la façade doivent déborder de 50 cm par rapport au nu extérieur de celle-ci, sauf :
- s'il existe, de part et d'autre de chacune des parois, une bande d'au moins 2 m de large en matériaux classés A1, coupe-feu 1 h et ne comportant aucune ouverture ;
- ou si les parois comportent, sur une longueur totalisée de 2 m, un ou deux « retours » ne comportant aucune ouverture.

5.3.4. Ouvertures et passages

La paroi accessible de l'extérieur doit comporter, au minimum tous les 10 m, une porte pare-flammes 1 h 30 et de largeur de 80 cm minimum : soit pivotante et ouvrant sur l'extérieur, soit coulissante et placée à l'extérieur.

S'il existe d'autres portes, celles-ci devront être pare-flammes 1 h 30.

5.4. Dispositions communes aux trois types de constructions (5.1, 5.2 et 5.3)

Ouvertures et baies

Les dimensions des baies ne doivent pas dépasser 3,80 × 4,40 m (largeur × longueur).

Les matériaux utilisés à la périphérie des baies (linteaux et montants) doivent présenter une résistance mécanique suffisante pour supporter le poids des portes coupe-feu et absorber sans dommage les chocs dus à leur manœuvre répétée.

On doit réaliser un portique sur lequel sont fixés tous les éléments de la porte coupe-feu. Les linteaux métalliques ne sont naturellement pas acceptés pour les murs séparatifs coupe-feu.

Ils sont cependant tolérés dans les parois verticales du compartiment à l'épreuve du feu s'ils sont munis, d'une part, d'une protection leur assurant le degré coupe-feu 1h30, d'autre part, d'un capotage (ou habillage) en matériau classé A1 destiné à préserver, en cas de choc, la protection précitée.

Aucune canalisation ni aucun conduit de ventilation ou de climatisation ne doit traverser un mur séparatif coupe-feu. Le passage des canalisations se fera par un caniveau garni de sable passant sous les parois.

Note

Pour les compartiments à l'épreuve du feu, le passage de canalisations à travers la paroi est autorisé, mais en partie basse du mur seulement.

Les réservations pratiquées pour le passage des canalisations doivent être soigneusement obturées à l'aide de cordons de fibres minérales, d'enduits réfractaires, etc., de telle sorte que le degré de résistance au feu du mur soit conservé à cet endroit.

6. Principes constructifs applicables au béton cellulaire

Il existe plusieurs solutions apportées par le béton cellulaire pour la construction de bâtiments, de locaux ou simplement de murs résistants au feu.

Ces solutions varient en fonction du type de construction (murs simples ou murs doubles) et de la structure du bâtiment (béton, béton cellulaire ou acier).

On distingue trois types de principes constructifs pour les murs pare-feu et les murs coupe-feu.

Le **mur indépendant :** il s'agit d'un mur solide et stable en béton cellulaire, indépendant de part et d'autre du bâtiment.

La **construction homogène :** tout le bâtiment est construit en béton cellulaire : murs en blocs porteurs, toiture en dalles de béton cellulaire.

La **paroi couplée :** dans ce cas, la paroi en béton cellulaire est couplée à la structure portante du bâtiment. Le couplage peut se faire de différentes manières : murs doubles, murs simples, structure métallique, structure béton, etc.

6.1. Cas du mur indépendant

Le mur coupe-feu peut être réalisé en blocs de béton cellulaire de 15 à 30 cm d'épaisseur, avec une incorporation de raidisseurs verticaux et de chaînages horizontaux lui conférant une rigidité suffisante pour être auto-stable.

Les armatures de ces raidisseurs sont à calculer par un bureau d'études béton, au cas par cas en fonction de l'exposition au vent du mur. Les blocs sont hourdis avec un mortier colle bénéficiant d'un avis technique pour mise en œuvre du béton cellulaire.

Des blocs spéciaux sont à la disposition des professionnels pour la réalisation des chaînages : blocs percés pour raidisseurs verticaux et blocs en U pour chaînages horizontaux. L'avantage de ces produits est d'apporter une protection au feu des armatures par au moins 5 cm de béton cellulaire.

6.2. Cas de la construction homogène

Les murs sont réalisés comme dans le cas des murs indépendants ci-dessus.

La toiture de ces bâtiments peut être réalisée au moyen de dalles de béton cellulaire armées, calculées pour pouvoir résister au feu de 1 h à 4 h, suivant l'enrobage des aciers en face inférieure. La construction est alors chaînée au niveau des éléments de toiture.

6.3. La paroi couplée

6.3.1. Structure acier

Les structures portantes en acier sont fréquemment utilisées. L'acier est un bon matériau de construction. Cependant, en cas d'incendie, il présente l'inconvénient de se ramollir au fur et à mesure que la température augmente. La situation devient critique dès que la température atteint 400 °C et, à partir de 600 °C, la structure n'a plus que 40 % de sa rigidité.

Pour pallier ce problème, les fabricants de béton cellulaire proposent une solution pour les murs coupe-feu 4 h.

Cette solution consiste à construire deux murs pare-feu indépendants, fixés chacun à leur propre structure portante en acier. Ainsi, en cas d'incendie, si un côté du bâtiment s'écroule, l'autre restera intact et parfaitement protégé du feu car sa structure est indépendante du premier. Cette solution est la mise en application du mur double défini dans la règle APSAD R15.

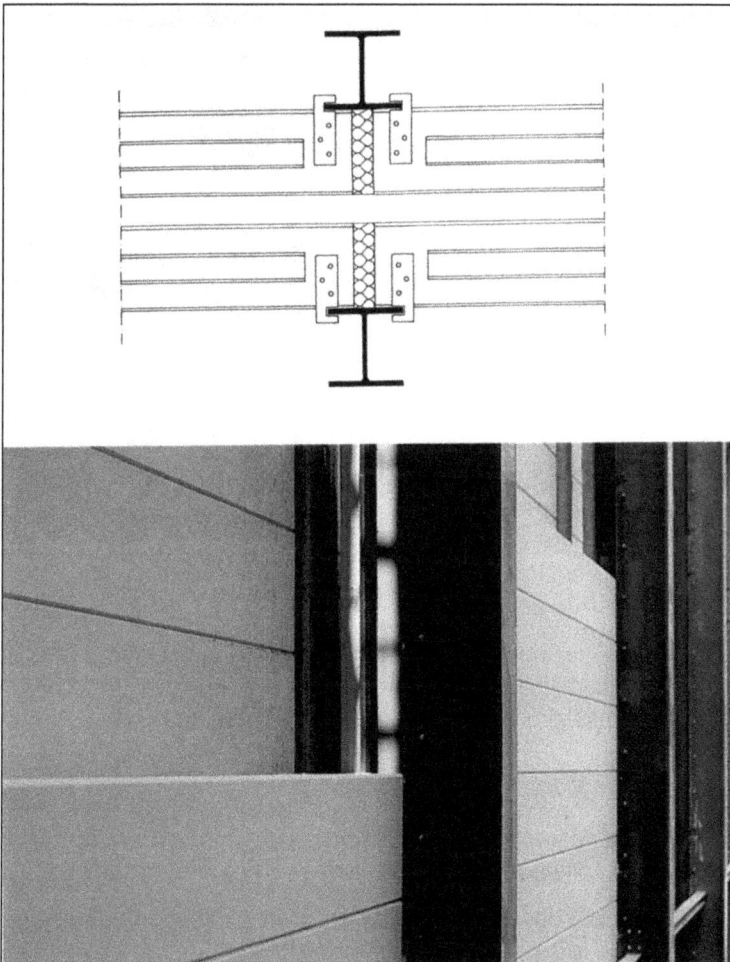

Fig. 5.2 • *Construction coupe-feu avec double mur*

6.3.2. Structure béton armé

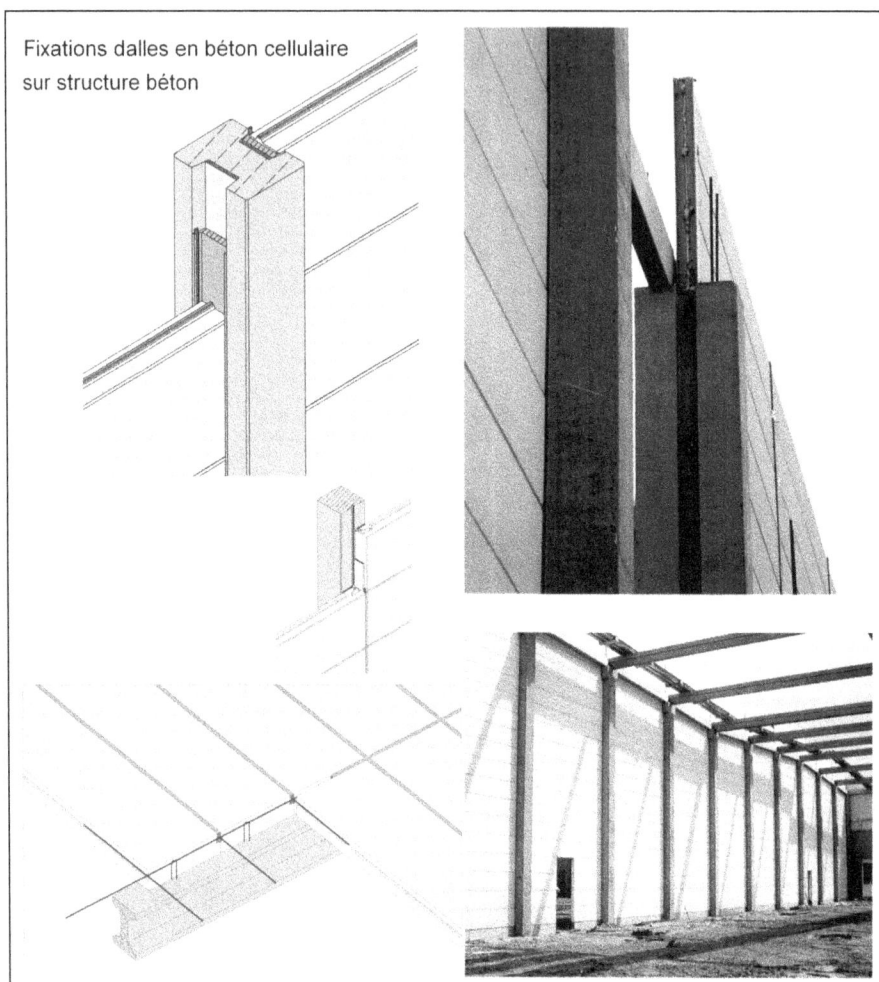

Fixations dalles en béton cellulaire
sur structure béton

Fig. 5.3 • *Construction coupe-feu avec structure en béton armé*

L'enrobage de l'armature des poutres et des poteaux est très important pour garantir les propriétés coupe-feu. Actuellement, les poteaux en béton en forme de H sont très utilisés. Les éléments armés en béton cellulaire viennent s'emboîter à l'intérieur du H.

Joints coupe-feu

Pour obtenir une étanchéité aux flammes et aux gaz, les joints horizontaux des dalles de murs sont hourdés au mortier colle pour béton cellulaire avec des joints intumescents.

Les joints verticaux en about des dalles de béton cellulaire exigent un traitement spécial. Après avoir été comblés avec de la laine minérale (densité : 30 kg/m^3, épaisseur initiale : 50 mm) soigneusement comprimée, ils seront fermés à l'aide d'un joint souple coupe-feu d'une épaisseur de 20 mm minimum. Un tel assemblage peut offrir une résistance au feu de 4 h.

6.4. Exemples de détails constructifs de murs coupe-feu (en blocs et dalles)

Les blocs sont destinés à la réalisation de murs porteurs ou de remplissage coupe-feu. Des éléments de chaînages verticaux et horizontaux participent à la stabilité de l'ouvrage et permettent de réaliser des murs de grande hauteur et de grande longueur.

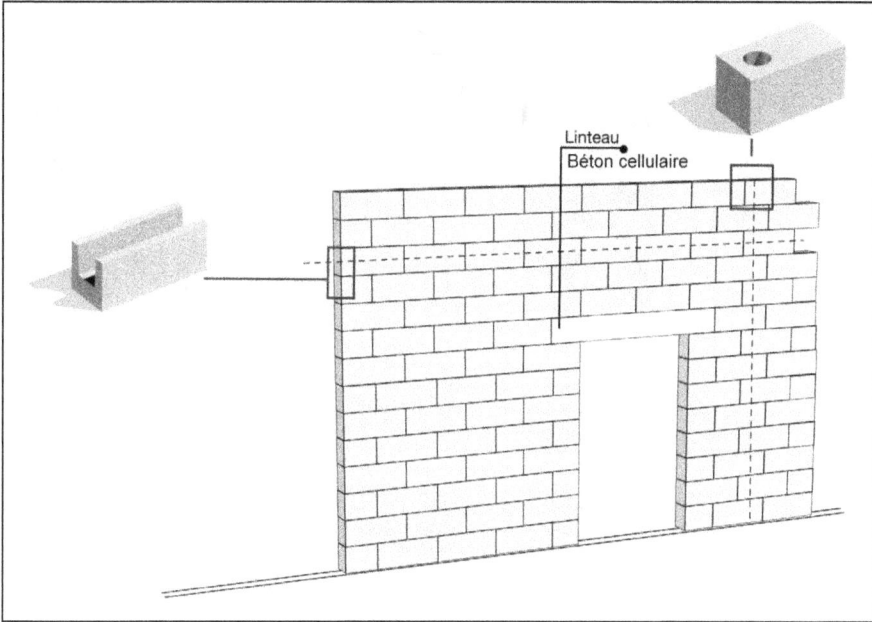

Les carreaux sont destinés à la réalisation de cloisons de distribution ou d'habillage coupe-feu.

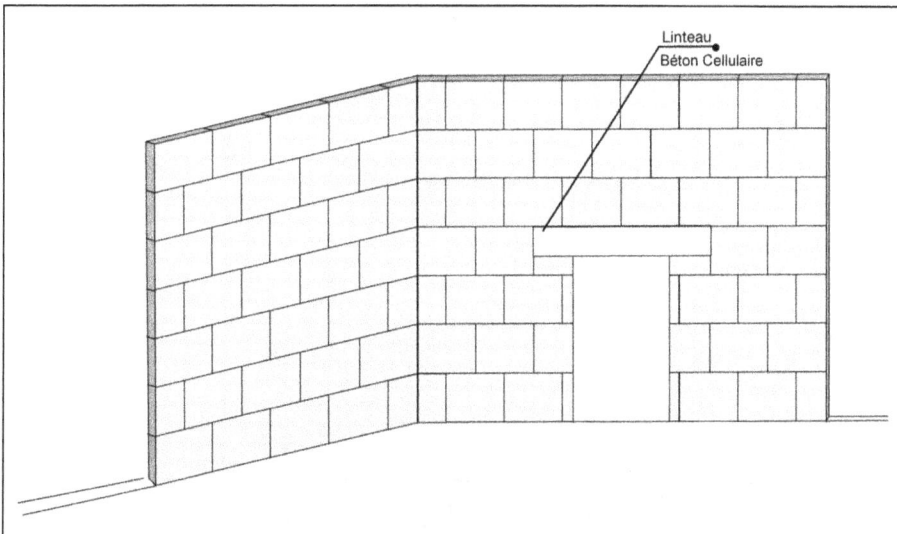

Les dalles sont préconisées essentiellement dans les bâtiment industriels ou de stockage, lorsque les accès aux engins de levage et de manutention sont aisés.

Mur coupe-feu - Structure métallique dédoublée

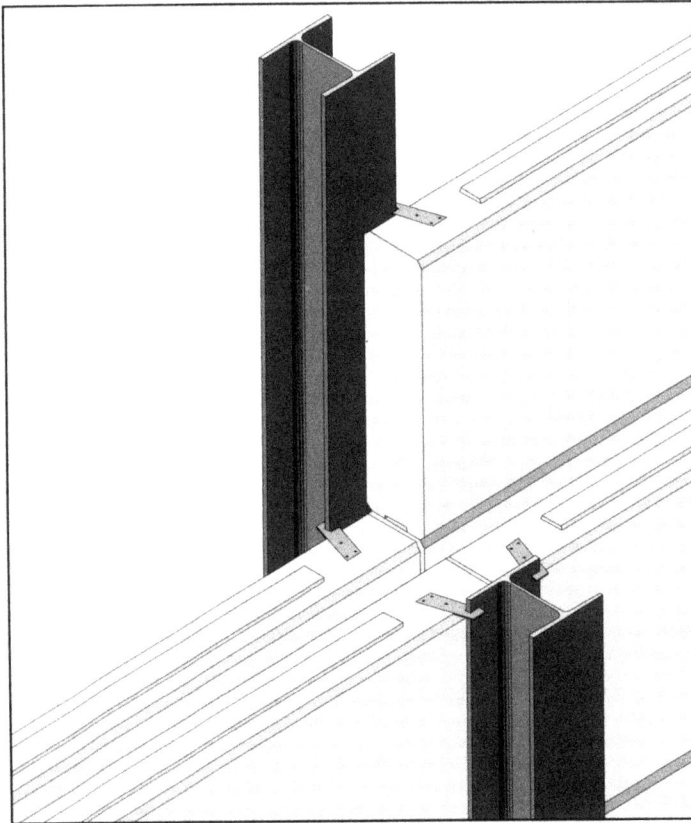

1. Dalle de bardage

2. Structure métallique

3. Laine de roche

4. Pièce d'ancrage TYPE A2

5. Clou Gunnebo

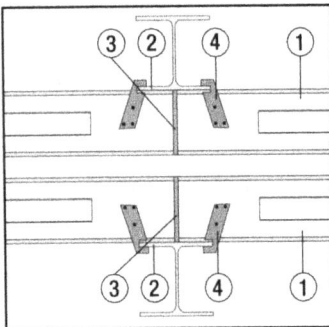

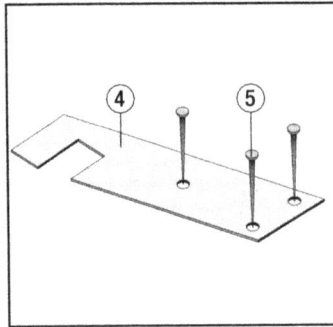

REMARQUE
Rf ≤ 3h:
Joints horizontaux:
compriband

Rf ≤ 6h:
Joints horizontaux:
Colle béton cellulaire
certifiée CSTBat

Mur coupe-feu - Structure métallique dédoublée

1. Dalle de bardage

2. Structure métallique

3. Laine de roche

4. Pièce d'ancrage TYPE A2

5. Clou Gunnebo

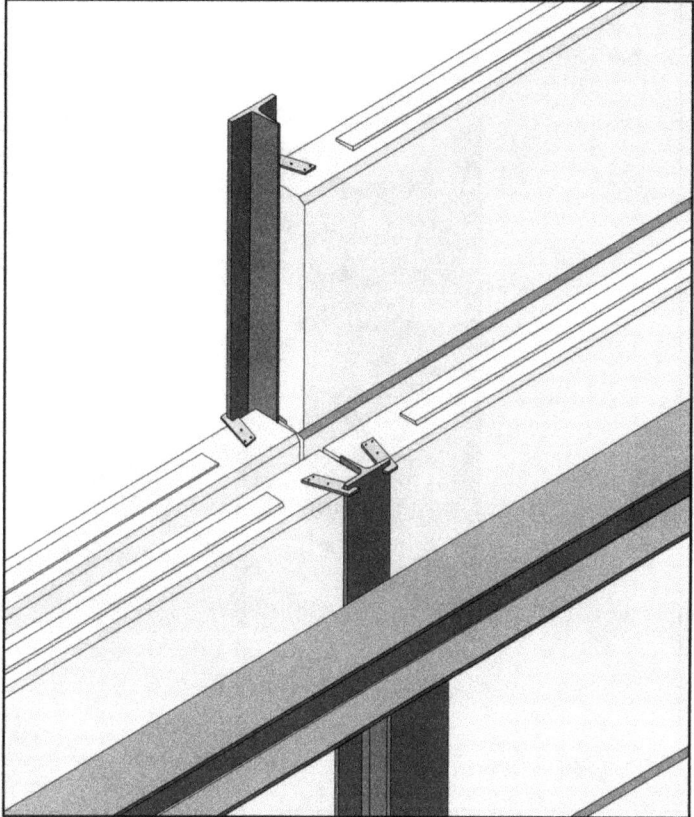

REMARQUE
Rf ≤ 3h:
Joints horizontaux:
compriband

Rf ≤ 6h:
Colle béton cellulaire
certifiée CSTBat

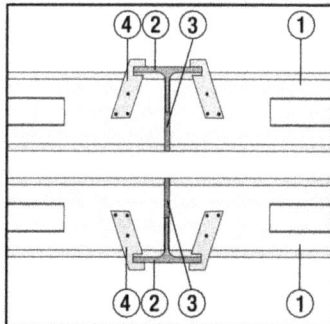

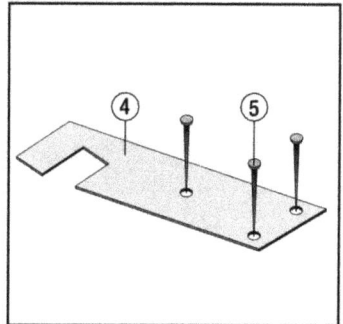

Mur coupe-feu - Structure béton

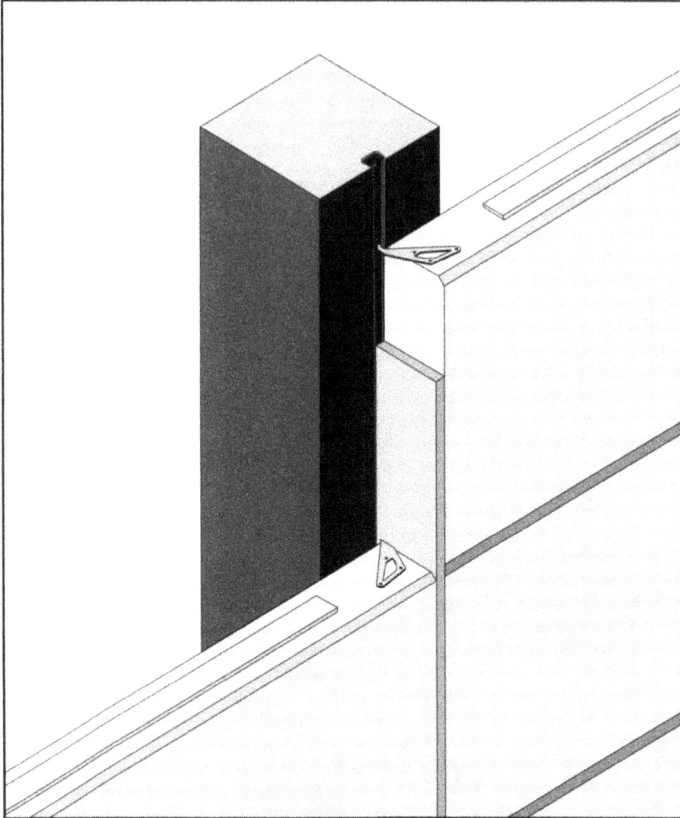

1. Dalle de bardage

2. Poteau béton

3. Rail d'ancrage TYPE A4

4. Laine de roche

5. Pièce d'ancrage TYPE B1

6. Clou Gunnebo

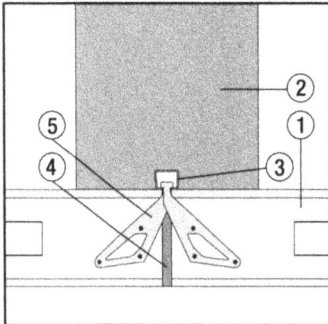

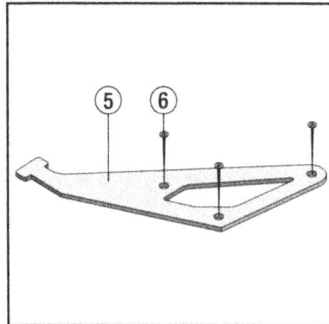

REMARQUE

Rf ≤ 3h:
Joints horizontaux:
compriband

Rf ≤ 6h:
Joints horizontaux:
Colle Béton Cellulaire
certifié CSTBat

Mur coupe-feu - Structure béton

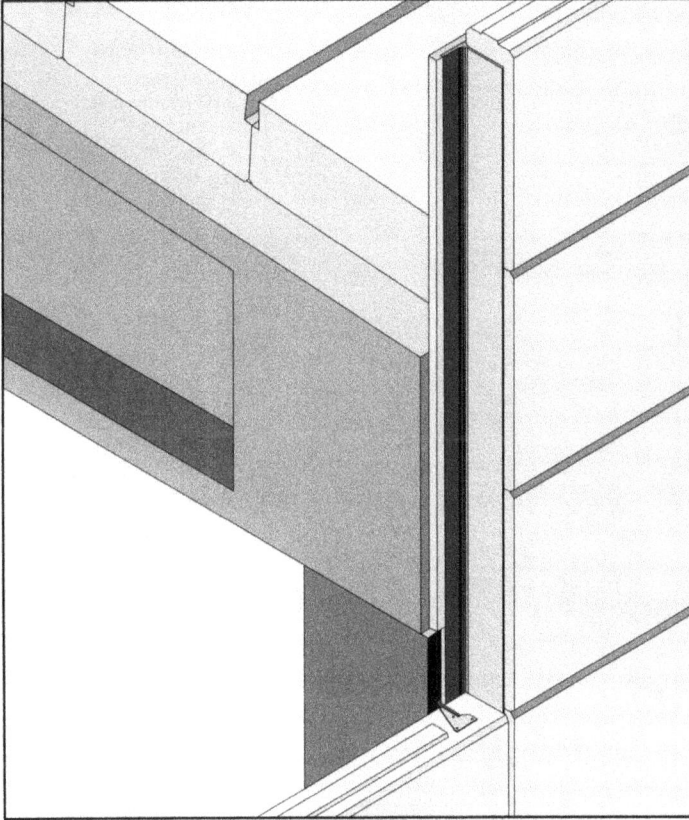

1. Dalle de bardage

2. Poutre béton

3. Profil T

4. Protection au feu

5. Pièce d'ancrage TYPE A3

6. Clou Gunnebo

REMARQUE

Rf ≤ 3h:
Joints horizontaux:
compriband

Rf ≤ 6h:
Joints horizontaux:
Colle Béton Cellulaire
certifiée CSTBat

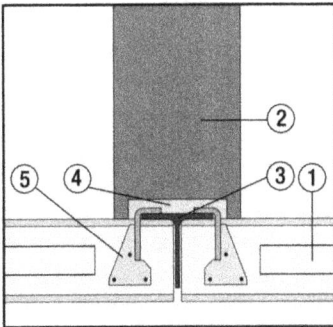

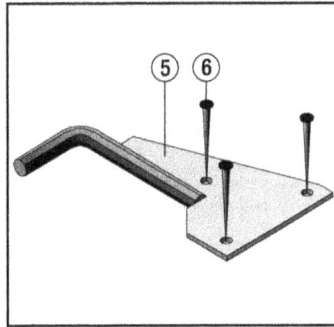

Mur coupe-feu - Structure béton

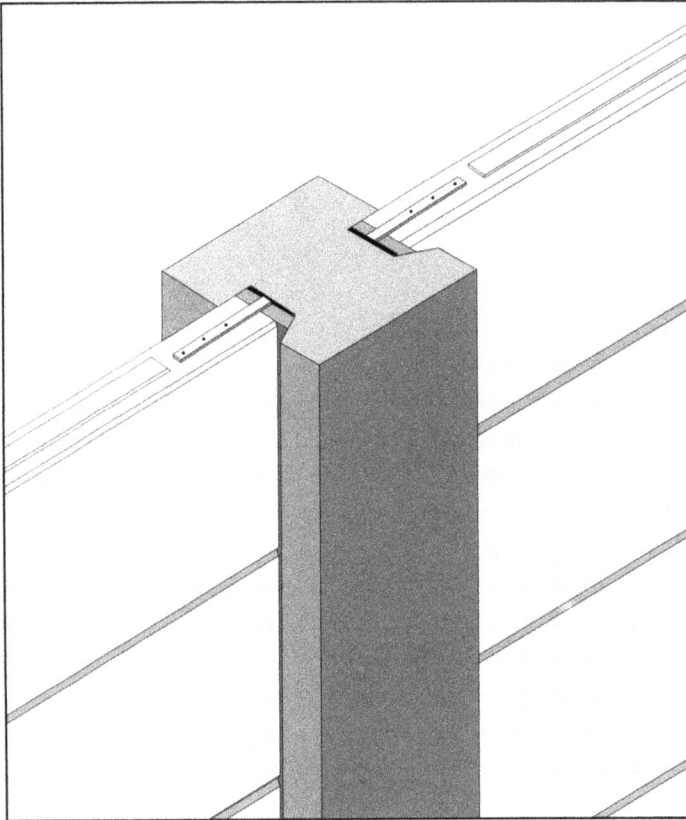

1. Dalle de bardage

2. Poteau béton

3. Laine de roche

4. Pièce d'ancrage (pièce T)

5. Clou Gunnebo

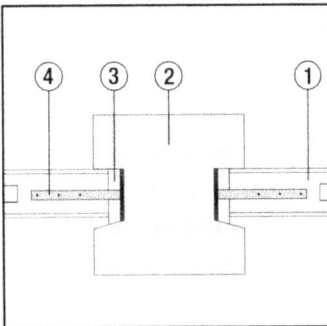

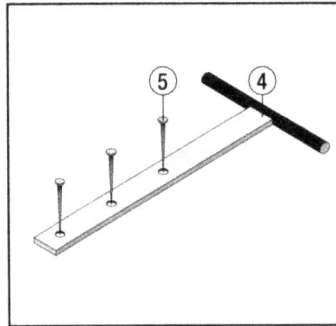

REMARQUE
Rf ≤ 3h:
Joints horizontaux:
compriband

Rf ≤ 6h:
Joints horizontaux:
Colle Béton Cellulaire
certifiée CSTBat

Mur coupe-feu - Structure béton

1. Dalle de bardage

2. Structure béton - Noyau

3. Poutre

4. Laine de roche

5. Rail d'ancrage 28/15

6. Pièce d'ancrage
   TYPE 301006

7. Clou TYPE 120100

REMARQUE

Rf ≤ 3h:
Joints horizontaux:
compriband

Rf ≤ 6h:
Joints horizontaux:
Colle Béton Cellulaire
certifiée CSTBat
L'épaisseur de la tête de
colonne est à dimensionner en
fonction de la pression du
vent et de la résistance au feu.

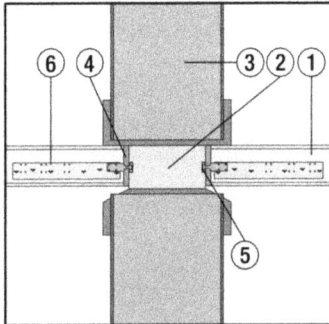

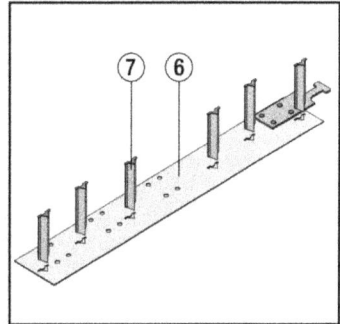

CHAPITRE **6**

DISPOSITIONS PARASISMIQUES

La réglementation parasismique s'appuie sur les règles PS 92 et PSMI 92.

1. Généralités sur les séismes

1.1. Définition

Les séismes, plus communément appelés tremblements de terre, sont des manifestations physiques du caractère instable de l'écorce terrestre.

1.1.1. Prévention, surveillance et prévisions

Les séismes sont des événements inévitables et malheureusement difficiles à prévoir. De plus, la violence du phénomène peut coûter de très nombreuses vies humaines et provoquer des dégâts matériels considérables. C'est pourquoi la prévention est indispensable afin de limiter au maximum les risques d'accidents dus aux séismes.

Actuellement, les sismologues parviennent parfois à prévenir les secousses sismiques mais les progrès réalisés en matière de surveillance et de prévisions ne doivent en aucun cas se substituer à une prévention des risques.

1.1.2. Conséquences sur l'environnement physique

Les conséquences environnementales sont multiples : déformations du relief, ruptures de câbles et de conduites, effondrements de constructions, bouleversements géologiques, fissurations des murs, variations des contraintes mécaniques du sol, etc.

1.2. Origine et création des séismes

L'écorce terrestre est composée d'une multitude de plaques animées de lents mouvements relatifs, de l'ordre de quelques centimètres par an. Ces plaques, qui se rapprochent, s'écartent ou coulissent les unes par rapport aux autres, entraînent des ébranlements parfois violents. L'endroit où a lieu le choc, appelé foyer ou hypocentre, est une zone plus ou moins ponctuelle située en profondeur.

Le point de la surface du globe situé à la verticale de l'hypocentre est appelé épicentre du séisme ; c'est dans cette zone que les dégâts sont les plus importants.

1.3. Zones à risques

1.3.1. Nécessité de se protéger

En France métropolitaine, la sismicité est princi-palement due aux collisions entre la plaque eura-siatique et la plaque africaine mais elle demeure très faible. Actuellement, la France est épargnée par les violents séismes.

Néanmoins, il demeure indispensable de prendre des mesures de sécurité dans les zones à risques. Celles-ci concernent les régions montagneuses (Alpes, Pyrénées et Massif central), les régions de Nantes, La Rochelle, Chinon, Caen ainsi que l'Alsace et les Vosges (voir carte ci-contre).

La France est divisée en quatre zones, classées par ordre croissant de risques sismiques : 0, Ia, Ib et II (voir tableau 6.1).

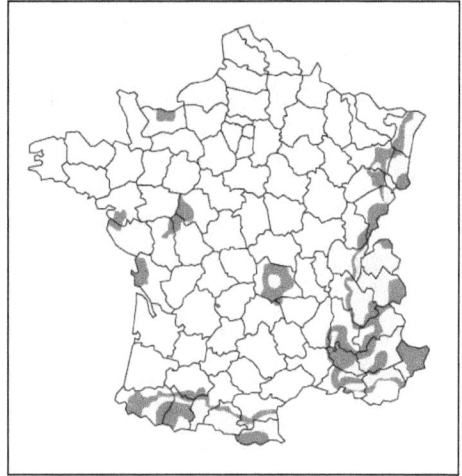

Tab. 6.1 • *Classification des zones sismiques*

Sismicité pratiquement négligeable. Le risque n'est cependant pas exclu.	Zone 0
Sismicité très faible mais non négligeable	Zone Ia
Sismicité faible	Zone Ib
Sismicité moyenne	Zone II

1.3.2. Renseignements complémentaires

N'hésitez pas à consulter la carte des zones sismiques à risques ou à contacter le Cerib pour de plus amples renseignements sur les risques et les mesures de sécurité.

1.4. Domaine d'application des règles PSMI 92

1.4.1. Liste des constructions prises en compte

Les bâtiments sont classés en quatre groupes (A, B, C, D) selon leur nature et les risques associés en cas d'accidents d'origine sismique :

Classe A : Bâtiments dans lesquels il n'existe pas d'activité humaine de longue durée.

Classe B : Bâtiments pouvant accueillir simultanément un nombre maximal de 300 personnes (habitations individuelles et collectives, bureaux, industries…).

Classe C : Bâtiments pouvant accueillir simultanément plus de 300 personnes (habitations collectives de plus de 28 mètres de hauteur, ERP, industries…).

Classe D : Bâtiments primordiaux pour la sécurité civile ou la défense (établissements sanitaires, bâtiments participant au maintien des communications ou de la sécurité, centres publiques de distribution d'énergie…).

95

Les règles suivantes sont applicables aux bâtiments de la classe B, dite à risque normal, situés dans les zones Ia, Ib ou II et dont les caractéristiques sont les suivantes :

– Ils comportent au plus un rez-de-chaussée, un étage et un comble, le tout construit sur terre-plein ou sur sous-sol.

  Si le plancher du rez-de-chaussée est situé en moyenne à plus de 0,50 m au-dessus du niveau du sol, le sous-sol est considéré comme un étage.

  De même, sur un terrain en pente, si le niveau en aval du plancher du rez-de-chaussée dépasse de plus de 0,50 m, le sous-sol est considéré comme un étage.

– La hauteur entre les planchers du rez-de-chaussée et du comble ou de la terrasse ne doit pas excéder 3,30 m dans le cas d'une construction en rez-de-chaussée ou 6,60 m dans le cas d'une construction à étage.

– Les planchers sont prévus pour supporter des charges d'exploitation inférieures ou égales à 2,5 kN/m^2.

1.4.2. Liste des constructions exclues des règles simplifiées

Les constructions fondées sur des sols mal consolidés (de portance inférieure à 250 kN/m^2).

Les constructions fondées sur les sols suivants : vase, tourbe, sable fin mal consolidé ou gorgé d'eau, alluvions, etc.

Les ouvrages installés sur des pentes supérieures à 10 %.

Dans les cas énumérés ci-dessus, une étude particulière du sol doit être entreprise pour l'aménagement des soubassements de la construction.

1.5. Quelques règles de base

1.5.1. Implantation du site

Attention

  Les conseils suivants ne protègent pas un bâtiment qui serait endommagé par la destruction de constructions non parasismiques dans son voisinage.

L'implantation sur le site et la topographie des lieux sont deux éléments déterminants. En effet, une mauvaise implantation augmentera les risques d'accidents, même si les normes parasismiques ont été prises en compte pour la construction.

Le choix de l'implantation doit tenir compte des plans d'exposition aux risques sismiques (PERS) quand ils sont disponibles.

Note

  Si les PERS de la zone concernée ne sont pas disponibles, n'hésitez pas à consulter :
  – les cartes géotechniques annexées au POS (Plan d'occupation des sols) ;
  – les cartes Zermos ;
  – les études de sols réalisées à proximité du futur lieu d'implantation.

1.5.2. Problème des falaises

Les implantations situées aux abords d'élévations de terrains sont particulièrement sujettes aux risques sismiques. Méfiez-vous surtout des types de configurations suivantes :
– voisinage des crêtes de talus ou bords de falaises : risques de glissements de terrain, amplifications des secousses sismiques ;
– voisinage des pieds de talus ou bords de falaises : risques de chutes de blocs rocheux ;
– voisinage des gorges ou des vallées encaissées.

1.5.3. Étude des sols et fondations

La qualité du sol joue un rôle important dans la tenue du bâtiment.

Tab. 6.2 • *Qualité du sol*

Type de sol	Qualité
Sols rocheux non fissurés	Excellente
Sols cohérents durs et secs	Bonne
Sables et graviers très denses	Bonne
Roches altérées	Moyenne
Sols argilo-graveleux	Moyenne
Sols granulaires compacts	Passable
Craies tendres	Passable
Vase, tourbe, alluvions	Nulle
Sables fins peu compacts	Nulle
Limons et argiles siliceuses	Nulle
Argiles molles	Nulle
Sols très fracturés	Nulle

1.5.4. Configuration plan et élévation

1.5.4.1. En élévation

Si le bâtiment possède des décrochements en élévation, il doit soit :
– être scindé par des joints de fractionnement en blocs élémentaires sans décrochements ;
– être renforcé par des chaînages verticaux dans le cas de blocs de maçonnerie.

1.5.4.2. *En plan*

Les bâtiments doivent, dans la mesure du possible, se rapprocher d'un modèle rectangulaire, c'est-à-dire que, dans les deux directions du plan horizontal, les longueurs cumulées des décrochements ne doivent pas excéder le quart de la longueur totale du bâtiment.

Selon X : $l1x + l2x \leq 0,25\ Lx$

Selon Y : $ly \leq 0,25\ Ly$

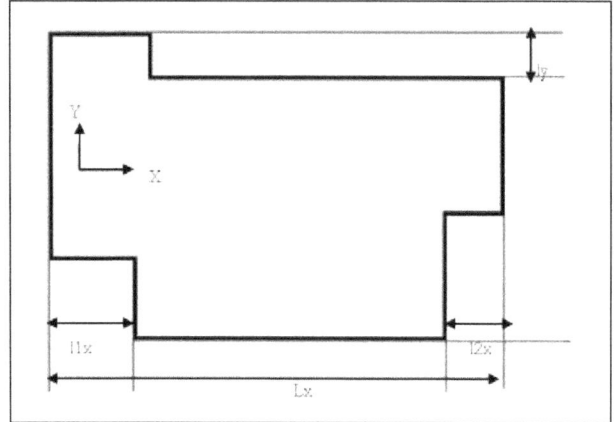

2. Adaptation aux maçonneries en béton cellulaire

Les industriels ont édité une documentation reprenant les exigences en matière de sécurité parasismique dont nous reprenons l'essentiel ci-contre :

2.1. Construction parasismique des maisons individuelles en béton cellulaire

2.1.1. Caractéristiques mécaniques de la maçonnerie

Article 4.1 du DTU PSMI 89 révisé 92 (NF P 06-014)

2.1.1.1. Application des PSMI au béton cellulaire

Le premier commentaire de l'article 4.1 indique explicitement que les maçonneries en blocs de béton cellulaire entrent dans le champ d'application des PSMI.

Les blocs de béton cellulaire autoclavé sont traditionnels.

Leur mise en œuvre est définie dans le DTU 20.1.

Les éléments à rainures et languettes doivent être encollés verticalement.

2.1.2. Contreventement vertical

Articles 4.22 et 4.23 du DTU PSMI 89 révisé 92 (NF P 06-014)

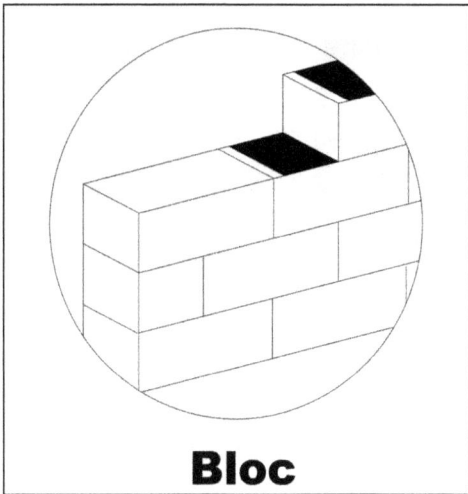

Bloc

Bloc réhausse

2.1.2.1. Principe

Sous l'action des forces horizontales résultant d'un séisme, la stabilité de la construction (contreventement) doit être assurée par des trumeaux régulièrement répartis dans les deux directions (en fonction des surfaces de plancher).

2.1.2.2. Règles dimensionnelles sur les trumeaux participant au contreventement

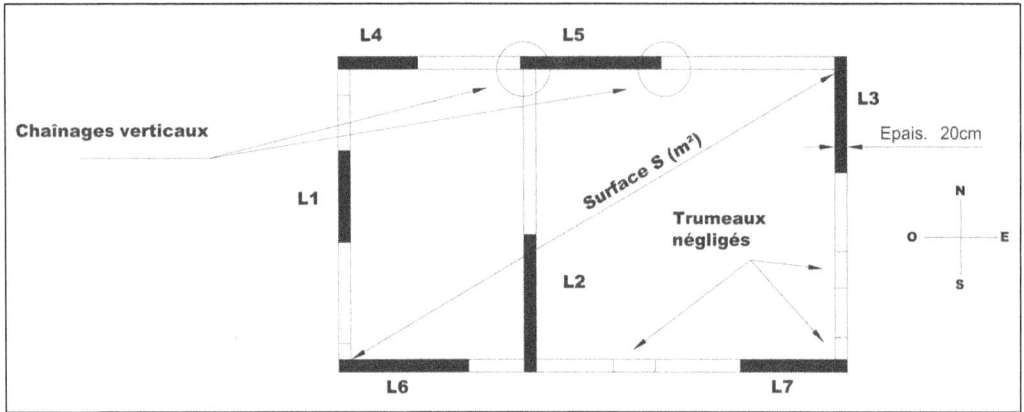

Nos performances

Distances entre chaînages vertical et horizontal

Épaisseurs des maçonneries 20,25 et 30 cm

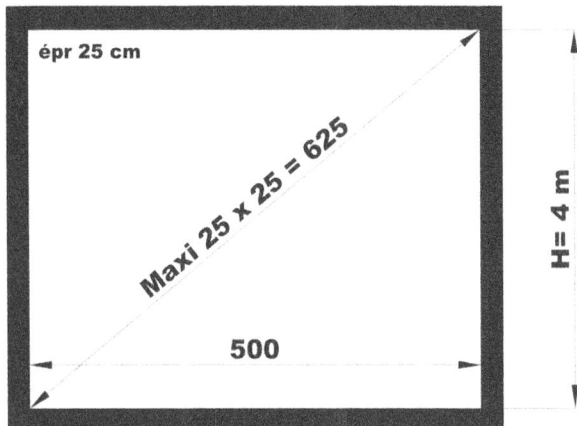

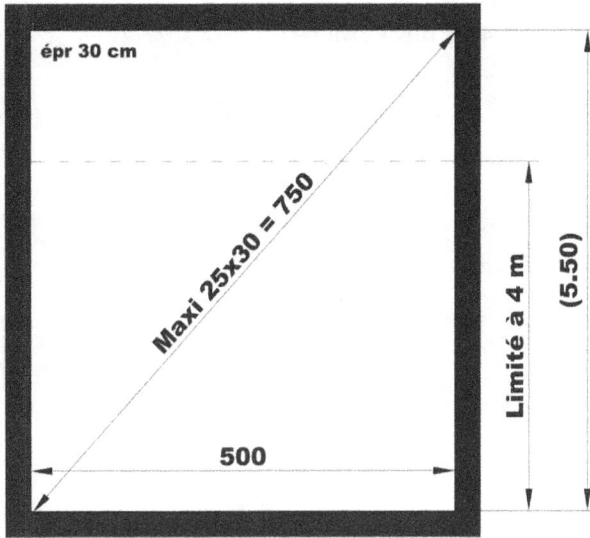

2.1.2.3. Conditions de participation d'un trumeau au contreventement

– régner sur toute la hauteur de la construction (voir conception en élévation) ;
– chaque bord doit compter un chaînage vertical ;
– épaisseur minimum égale à 20 cm ;
– longueur du trumeau :
– $1,1\ m \leq Li \leq 5\ m$
– rapport recommandé dans chaque direction :
– Lmax/Lmin ≤ 1,5

2.1.2.4. Vérification de la stabilité

Dans chaque direction, il doit y avoir au minimum deux trumeaux bien distribués.

Dans chaque direction, il faut vérifier :

$$\Sigma Li\ (m) \geq S\ (m^2)/k$$

S étant la surface totale construite au sol du bâtiment et k un coefficient donné par le tableau suivant :

Tab. 6.3 • *Maçonneries traditionnelles*

Constitution du bâtiment (avec ou sans niveau enterré)	k
Rdc + toiture légère	25
Rdc + toiture terrasse ou comble aménageable	15
Rdc + étage + toiture légère	15
Rdc + étage + toiture + terrasse ou comble aménageable	10

101

2.1.3. Chaînage des murs porteurs

Articles 4.24, 4.25, 4.27 et 4.28 des PSMI 89

2.1.3.1. Chaînages horizontaux

● **Dimensions**

● **Ferraillage**

Aciers longitudinaux :

4 barres minimum dans les angles

Zones	Ia	Ib	II
Aciers	4 HA8	4 HA10	4 HA12

Recouvrement = 50 diamètres

Cadres :

Diamètre non imposé, soit 4 à 6 mm

Espacement St ≤ min. (hc ; 25 cm)

● **Positions**

À tous les niveaux de planchers.

**Bloc de
chaînage horizontal**

2.1.3.2. Chaînages verticaux

Les règles PSMI précisent plusieurs variantes pour le coffrage des chaînages verticaux.

Il est à retenir celle qui convient le mieux au béton cellulaire.

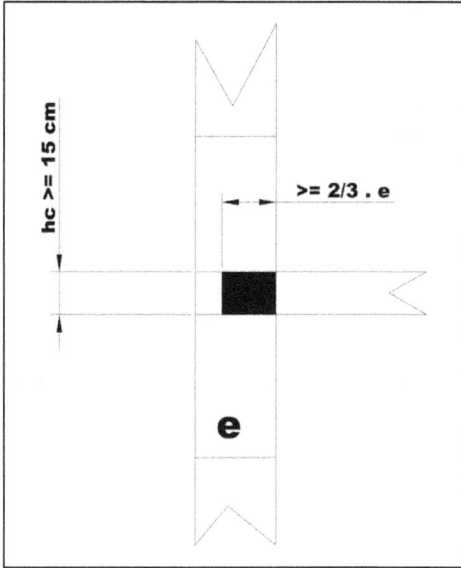

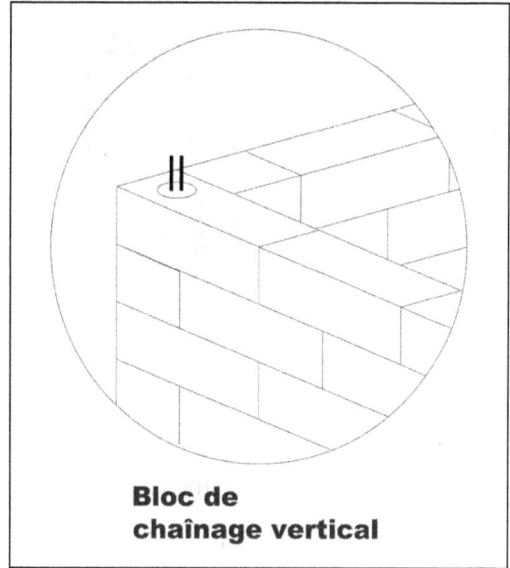

Bloc de chaînage vertical

- **Dimensions**

Zones	Ia et Ib	II
dc min (cm)	12	14

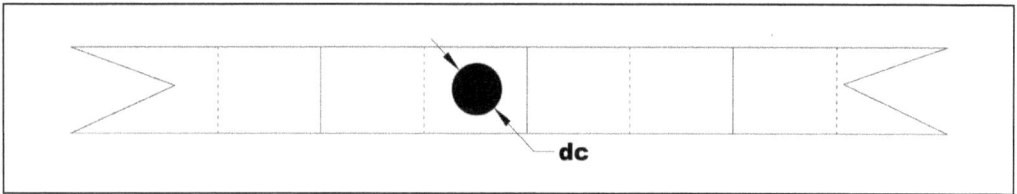

- **Ferraillage**

Identique à celui des chaînages horizontaux. Il est accepté de réaliser le ferraillage avec 2 barres seulement, de section totale équivalente à celle des 4 barres pour les chaînages intermédiaires.

Zones	Ia	Ib	II
Aciers	2 HA12	2 HA14	2 HA16

103

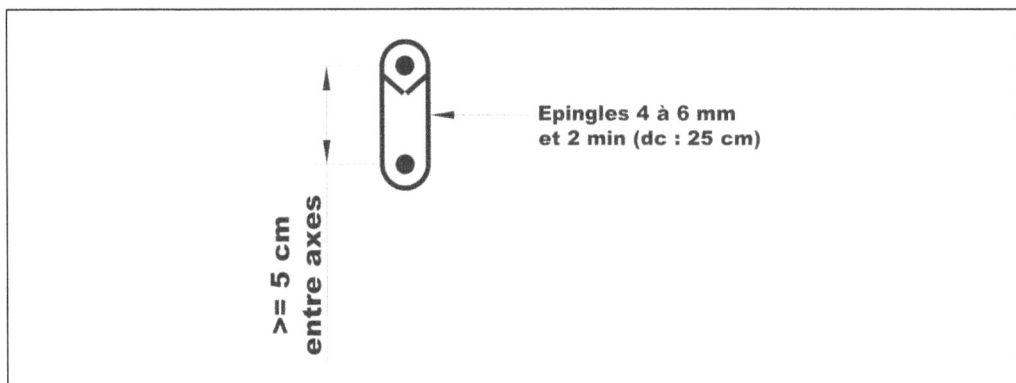

Epingles 4 à 6 mm
et 2 min (dc : 25 cm)

>= 5 cm
entre axes

● **Positions**

– aux bords de tous les trumeaux considérés dans le contreventement ;
– à tous les angles et tous les croisements de murs ;
– sur les murs longs, il doit y avoir un chaînage au minimum tous les 5 m.

Zones	Ia	Ib	II
Aciers	2 HA12	2 HA14	2 HA16

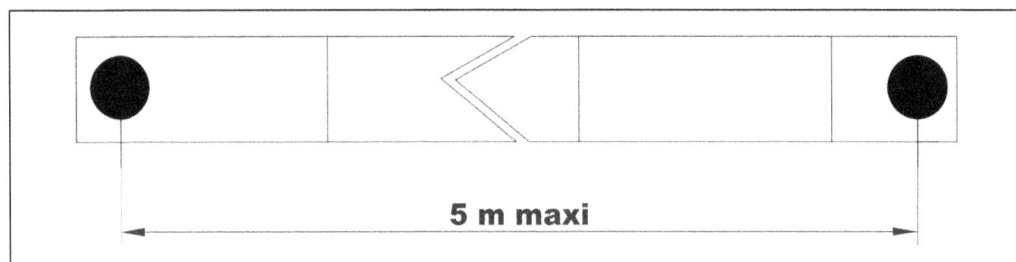

5 m maxi

2.1.3.3. Chaînage autour des ouvertures

● **Ouvertures à chaîner**

Toutes les baies d'une largeur supérieure à 60 cm doivent recevoir un encadrement en béton armé mécanique continu aux angles.

**Bloc de
chaînage horizontal**

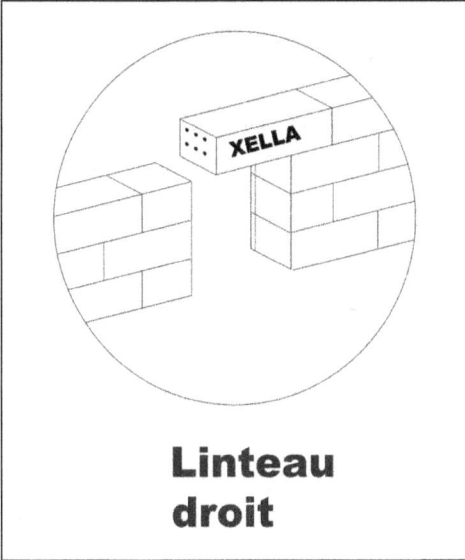

Linteau droit

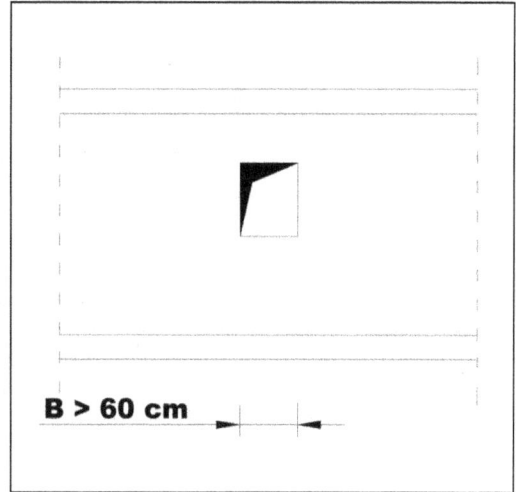

B > 60 cm

● **Ferraillage à prévoir en encadrement**

Sur toute la périphérie de l'ouverture, on doit trouver le ferraillage suivant :

Zones	Ia	Ib	II
Aciers	2 HA8	2 HA10	2 HA12

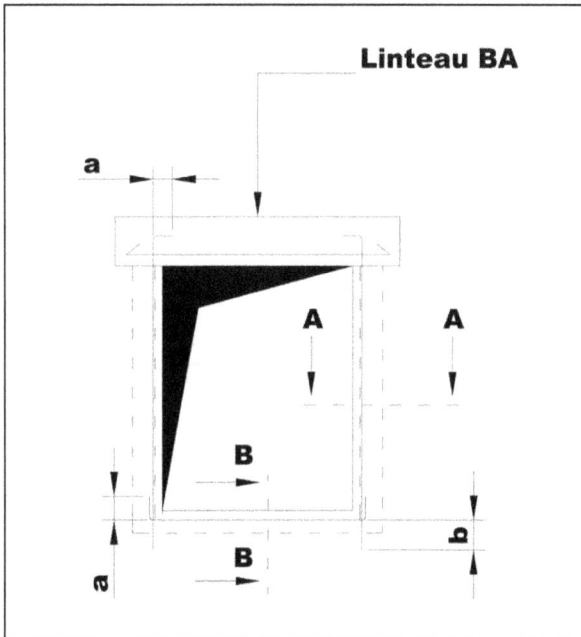

105

L'encadrement en béton armé traditionnel peut être remplacé par des encadrements en béton préfabriqué, en métal ou en bois, mécaniquement continus aux angles et de résistance au moins équivalente.

Acier	8	10	12
a (cm)	16	20	24
b (cm)	32	40	48

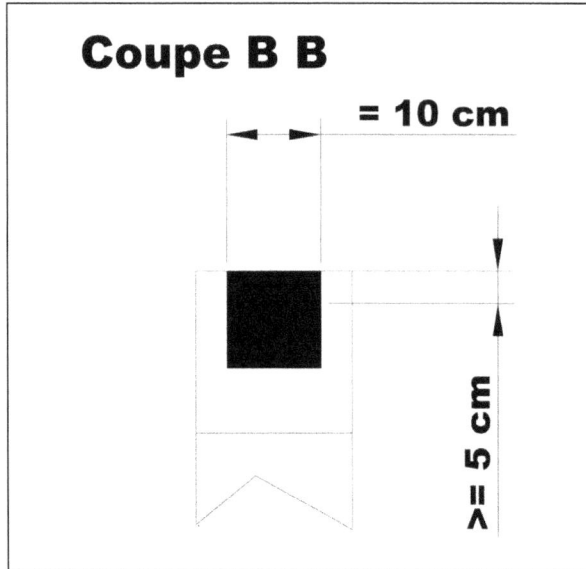

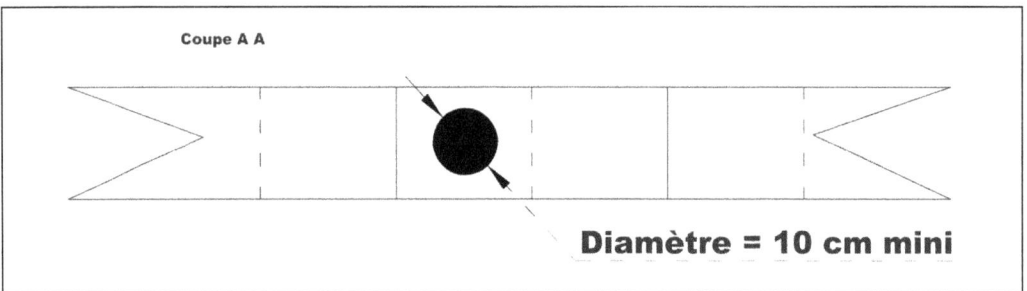

Coupe B B

$= 10\ cm$

$>= 5\ cm$

Coupe A A

Diamètre = 10 cm mini

2.1.3.4. Chaînage des pointes en pignon en comble

Sur les pignons et refends, les pointes de murs situées en comble doivent être chaînées suivant le rampant.

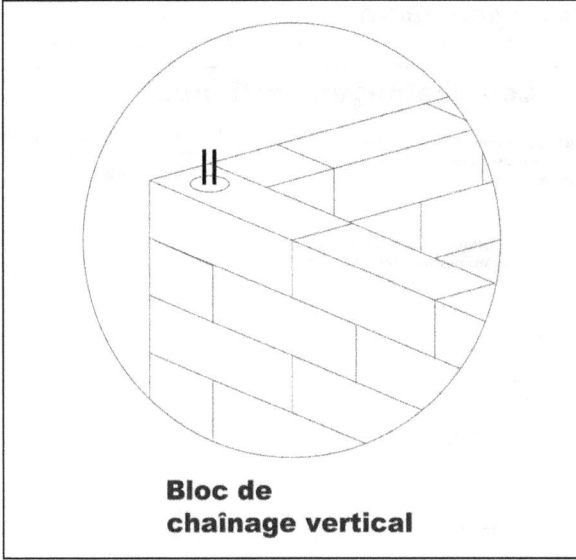

**Bloc de
chaînage vertical**

● **Ferraillage**

Identique à celui des encadrements d'ouvertures.

Dispositions constructives

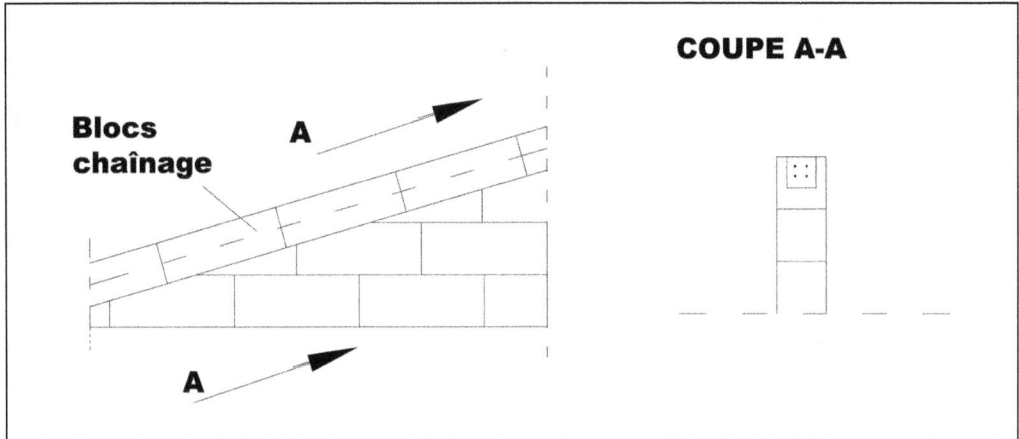

COUPE A-A

**Blocs
chaînage**

A

A

2.2. Réalisation du gros œuvre

1 - Les chaînages verticaux

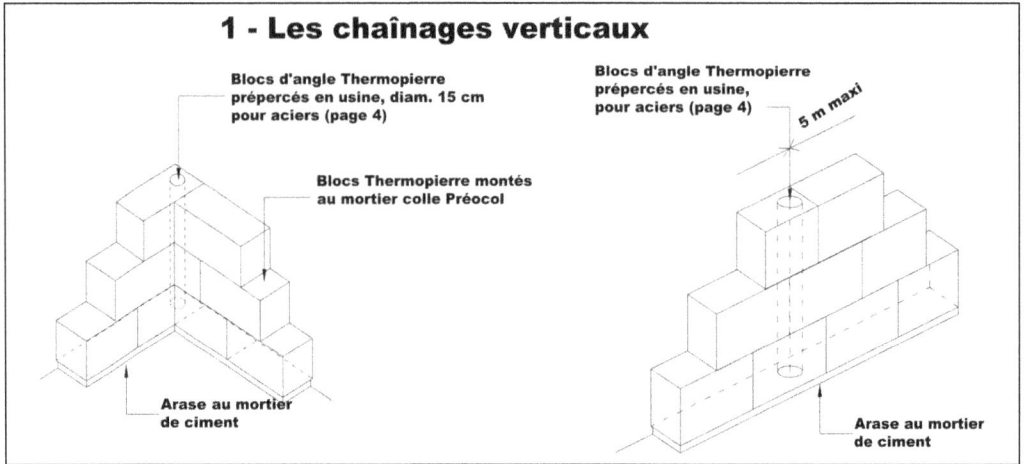

Blocs d'angle Thermopierre prépercés en usine, diam. 15 cm pour aciers (page 4)

Blocs Thermopierre montés au mortier colle Préocol

Blocs d'angle Thermopierre prépercés en usine, pour aciers (page 4)

5 m maxi

Arase au mortier de ciment

Arase au mortier de ciment

2 - Encadrement d'ouverture avec linteau

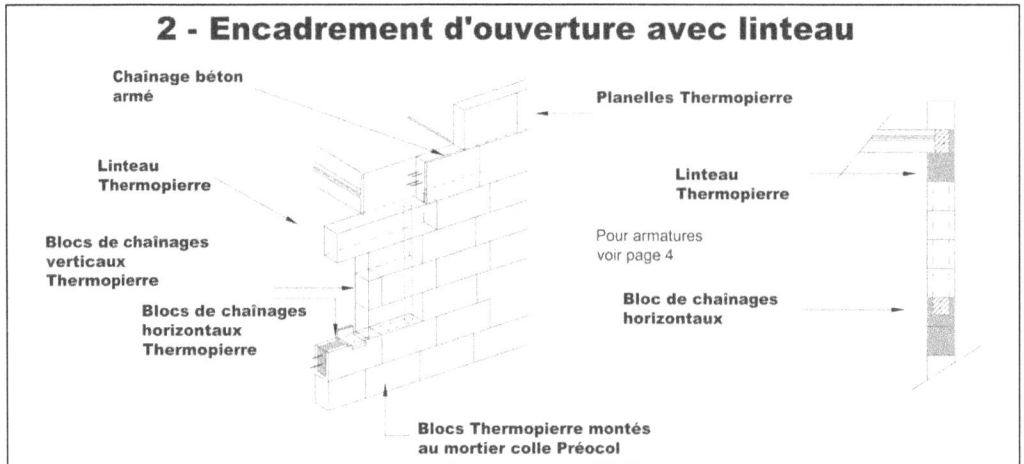

Chaînage béton armé

Linteau Thermopierre

Blocs de chaînages verticaux Thermopierre

Blocs de chaînages horizontaux Thermopierre

Planelles Thermopierre

Linteau Thermopierre

Pour armatures voir page 4

Bloc de chaînages horizontaux

Blocs Thermopierre montés au mortier colle Préocol

3 - Les encadrements d'ouverture (>60 cm) avec chaînages horizontaux

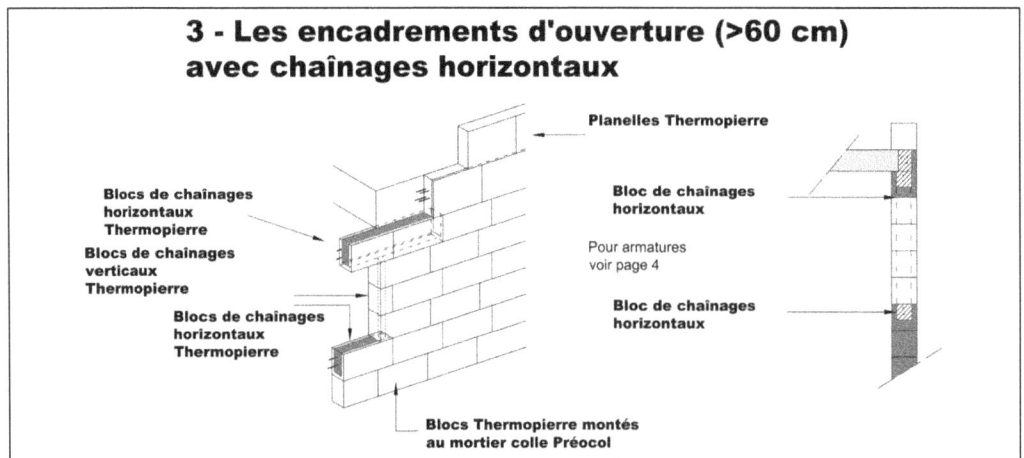

Blocs de chaînages horizontaux Thermopierre

Blocs de chaînages verticaux Thermopierre

Blocs de chaînages horizontaux Thermopierre

Planelles Thermopierre

Bloc de chaînages horizontaux

Pour armatures voir page 4

Bloc de chaînages horizontaux

Blocs Thermopierre montés au mortier colle Préocol

108

4 - Elévation mur avec blocs chaînages horizontaux et verticaux

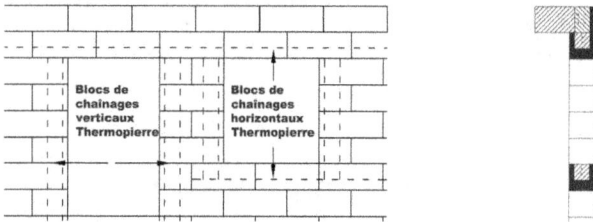

Blocs de chaînages verticaux Thermopierre

Blocs de chaînages horizontaux Thermopierre

5 - Coupe sur pignon

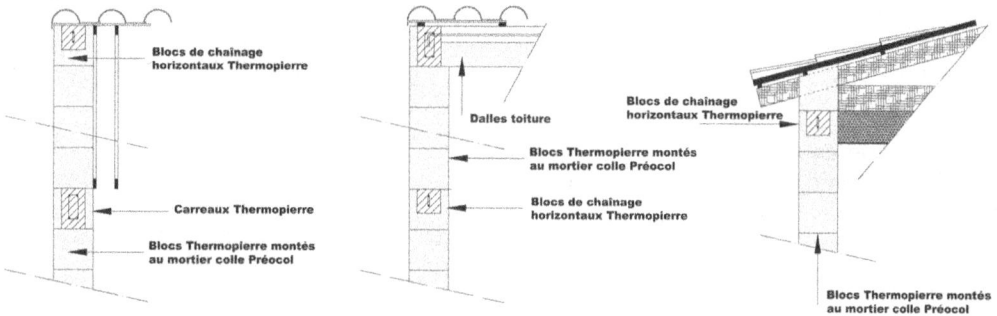

Blocs de chaînage horizontaux Thermopierre

Carreaux Thermopierre

Blocs Thermopierre montés au mortier colle Préocol

Dalles toiture

Blocs Thermopierre montés au mortier colle Préocol

Blocs de chaînage horizontaux Thermopierre

Blocs de chaînage horizontaux Thermopierre

Blocs Thermopierre montés au mortier colle Préocol

6 - Variante : maçonnerie armée (cahier des charges SOCOTEC)

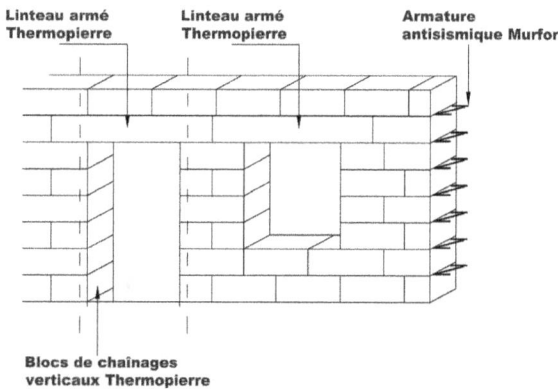

Linteau armé Thermopierre

Linteau armé Thermopierre

Armature antisismique Murfor

Blocs de chaînages verticaux Thermopierre

Cette technologie évite les chaînages verticaux des ouvertures dont la hauteur est inférieure à 1.80 m

Note : zone Ia et Ib : 1 joint armé sur 2.
Zone II : 1 joint armé sur 1.

109

2.3. Dalles de plancher

2.3.1. Emploi

Dalles armées destinées à la réalisation de planchers d'habitations et de planchers industriels.

Pose conforme à l'avis technique **3/99-326**.

Les dalles de planchers peuvent participer au contreventement des bâtiments et sont particulièrement adaptées pour un emploi sur vide sanitaire et sur haut de sous-sol.

2.3.2. Trémies

Les trémies et autres traversées de planchers sont réalisées par des découpes en rive longitudinale de dalles spéciales.

Les trémies plus importantes (escaliers, etc.) sont réalisées avec des chevêtres adaptés.

2.3.3. Portées

Exemple :

Une surcharge de 3,0 kN/m^2 correspond à une portée maximale de 539 cm pour 25 cm d'épaisseur.

2.3.4. Configurations particulières

Les dalles de planchers sont fabriquées sur mesure pour les charges ou les configurations particulières (coupe-feu).

2.3.5. Avantages

Isolation thermique ; mise en charge dès la pose ; rapidité de mise en œuvre ; évite de coffrer, d'étayer.

2.4. Dalles de murs porteurs hauteur d'étage

2.4.1. Caractéristiques techniques

Épaisseur cm		20 25 30
Hauteur maxi	cm	300
Largeur maxi	cm	60
M$_{vn}$	kg/m^3	400
Conductivité thermique utile λ	W/m.°C	λ = 0,12

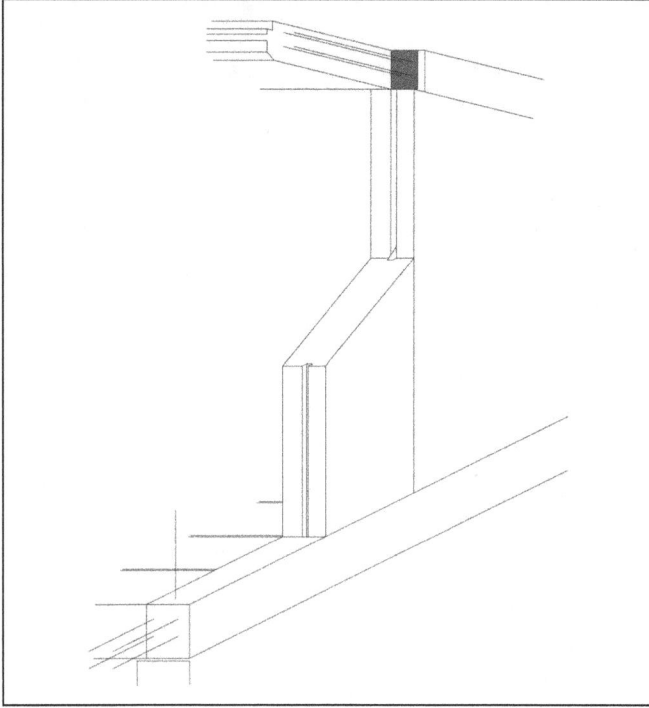

2.4.2. Emploi

Dalles armées verticales utilisées en façades porteuses et refends.

Il existe deux profils selon les efforts appliqués à l'ouvrage :
– rainure pour joints coulés ;
– rainure et languette pour joints collés (zone non sismique).

Un avis technique est en cours de validation pour les zones sismiques.

2.4.3. Avantages

– rapidité de mise en œuvre ;
– souplesse et facilité d'emploi ;
– isolation thermique ;
– coupe-feu ;
– calepinage et fabrication sur mesure ;
– évite les chaînages verticaux et horizontaux autour des ouvertures.

CHAPITRE **7**

IMPACT ENVIRONNEMENTAL ET DURABILITÉ

1. Impact environnemental

1.1. L'environnement : une priorité pour tous

Certains critères, tel celui de l'incidence des matériaux de construction sur l'environnement et la qualité de vie, autrefois négligés, font désormais partie des grandes priorités de notre société.

Les grands acteurs de la construction se doivent de montrer l'exemple car ils font partie des bâtisseurs de la société de demain.

Ainsi, l'industrie du béton cellulaire participe grandement au respect de l'environnement en s'engageant sur la voie de l'économie des ressources naturelles et de l'énergie, mais aussi en insistant sur le recyclage et le traitement des déchets de fabrication et de chantier.

Le béton cellulaire est un matériau déjà reconnu en Allemagne pour ses qualités environnementales : il a reçu le label « Produit vert » décerné par le « Bundesverband für Baubiologische Produkte », laboratoire officiel de référence dans l'analyse environnementale des matériaux de construction Outre-Rhin. Cette distinction a pour but d'attirer l'attention de manière claire sur les produits de construction favorables à l'environnement.

Cette démarche fait partie de la culture industrielle allemande, à l'instar du label décerné pour les produits favorables à l'environnement dont voici un extrait :

« La commission des entreprises pour les produits de construction favorables pour l'environnement encourage la fabrication et l'utilisation de produits de construction propices pour l'environnement. C'est un désir prioritaire de la Commission des entreprises d'attirer l'attention, d'une manière claire, sur les produits de construction favorables pour l'environnement. Le présent certificat et le sigle, accordé par la Commission des entreprises pour les produits de construction cités servent à ce but. »

PRODUITS DE CONSTRUCTION
FAVORABLES A
L'ENVIRONNEMENT

L'évaluation technologique globale du produit de construction concerne le comportement favorable, par rapport à l'environnement, du produit livré par la firme de production ou de distribution concernée. On y a tenu compte des produits amont, de la fabrication du produit, du traitement et de la transformation, de l'utilisation, de l'élimination, du recyclage et des effets exceptionnels (par exemple de l'incendie). On a inclus dans cette appréciation les risques directs, prouvés pour la santé de l'homme, concernant les effets sur sa sphère de vie.

Cet objectif est en accord avec la directive du Conseil des communautés européennes relative aux produits de construction, et avec le document de base « Hygiène, santé et protection de l'environnement », qui est la base pour les normes européennes et les idées directrices des agréments, ainsi que pour l'acceptation de spécifications nationales. Conformément à ceci, les bâtiments doivent être planifiés et construits de telle sorte, que les exigences de l'hygiène soient respectées et que la santé des habitants et des voisins ne soit pas mise en danger. Les propriétés exigées des produits de construction sont donc à mettre en accord avec ceci.

1.2. Sauvegarde des ressources naturelles

Un objectif essentiel dans une démarche de développement durable est d'éviter au maximum l'épuisement des ressources naturelles de la planète. Pour cela, il faut limiter les gaspillages et réfléchir à une utilisation efficace et économe des disponibilités offertes par la planète. Les principaux pôles d'actions sont l'extraction, les matières premières et l'eau.

1.2.1. L'extraction

Elle doit dégrader le moins possible le paysage naturel, c'est pourquoi les carrières de sable utilisées par les usines de béton cellulaire font partie d'un programme de réaménagement du site auprès des autorités locales, et ce, en accord avec les instances environnementales.

1.2.2. Les matières premières

Les produits utilisés (sauf l'eau) sont uniquement des minéraux :
– du sable, c'est-à-dire de la silice, élément chimique le plus présent dans l'écorce terrestre ;
– de la chaux ($CaCo_3$), obtenue par la cuisson de roches calcaires ;
– du ciment, issu du mélange, de la cuisson et du broyage de calcaire et d'argile ;
– de la poudre de métal (aluminium) en très infime quantité ; cette poudre réagit avec la chaux pour former des aluminates de calcium inerte.

Toutes les matières premières utilisées sont naturellement présentes dans le sous-sol ; toutefois, la fabrication du béton cellulaire n'abuse pas de ces ressources puisqu'elle en utilise de 350 à 600 kg/m³ de produit fini, ce qui représente environ un tiers de la quantité nécessaire à la fabrication des autres matériaux de gros œuvre.

1.2.3. L'eau

Il n'est pas nécessaire de traiter l'eau entrant dans le processus de fabrication, ce qui limite l'utilisation d'adjuvants ou de produits chimiques. De plus, l'eau est presque entièrement utilisée en circuit fermé.

1.2.4. Gestion de l'énergie

C'est également un enjeu important, pour éviter l'épuisement des ressources naturelles d'une part, et pour limiter l'émission de gaz à effet de serre d'autre part.

L'énergie nécessaire à l'extraction représente 60 % de l'énergie totale utilisée dans le processus de fabrication du béton cellulaire, les 40 % restant étant utilisés pour la production proprement dite. L'énergie de production est principalement utilisée pour la production de la vapeur d'eau

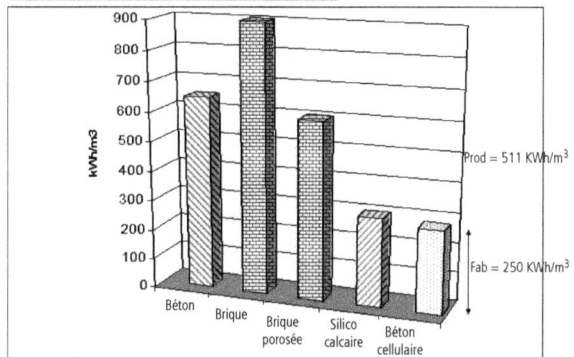

Comparaison Fabrications industrielles

115

destinée à l'autoclavage, celle-ci étant par ailleurs réinjectée à 90 % dans le processus de fabrication après utilisation.

La consommation d'énergie pour la fabrication du béton cellulaire, de l'ordre de 250 kWh/m^3, se situe parmi les plus faibles dans la catégorie des matériaux de gros œuvre.

2. Analyse du cycle de vie

C'est pour répondre aux attentes des acteurs de la construction sur les caractéristiques environnementales et sanitaires des produits de construction que la norme NF P 01-010 a été définie par l'Afnor.

La norme NF P 01-010 regroupe des règles et des spécifications permettant de proposer une méthodologie et un modèle de déclaration de ces caractéristiques.

Ce modèle est la fiche de déclaration environnementale et sanitaire « produit de construction », encore appelée FDES.

Rappel : quelques définitions essentielles issues de la norme

Analyse de cycle de vie (ACV)
Compilation et évaluation des entrants et des sortants, ainsi que des impacts potentiels environnementaux d'un système de produits au cours de son cycle de vie.

Approche « cycle de vie »
L'approche « cycle de vie » consiste à prendre en compte l'ensemble des étapes de la vie d'un produit, pour évaluer les conséquences sur l'environnement du produit tel qu'il a été conçu. Dans la présente norme, les étapes du cycle de vie d'un produit de construction sont : production ; transport ; mise en œuvre ; vie en œuvre ; fin de vie.

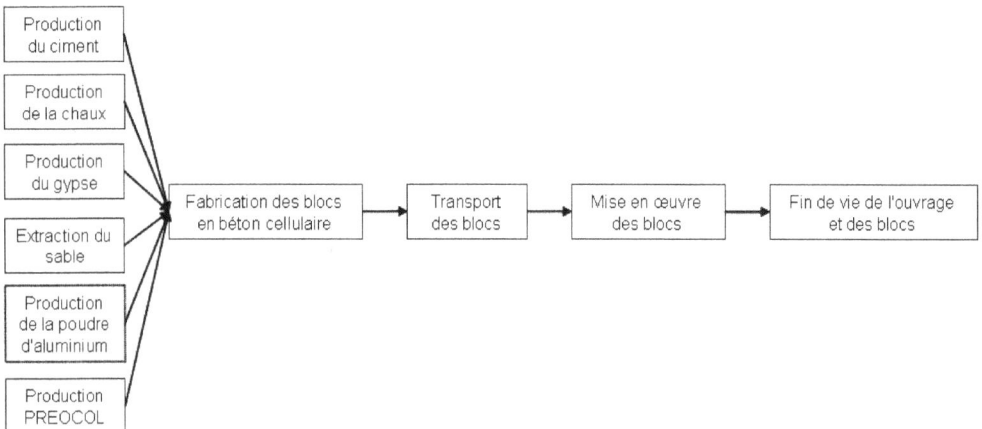

À l'initiative des industriels français producteurs de béton cellulaire, une analyse de cycle de vie a été commandée au CSTB. Cette analyse a fait l'objet d'un rapport complet réf. ED/03-006, disponible sur demande auprès du Syndicat national des fabricants de béton cellulaire (SNFBC).

3. Le béton cellulaire et la démarche HQE®

Comme nous avons pu le voir en introduction, le béton cellulaire est un produit dont les caractéristiques environnementales et sanitaires sont largement reconnues en Allemagne, mais également en Europe du Nord et dans les pays scandinaves.

En complément de l'analyse de cycle de vie dont une partie des résultats est communiquée ci-après, nous avons tenté d'apporter une réponse quant à l'impact du béton cellulaire dans une démarche environnementale d'une part, et de positionner le produit au regard des quatorze cibles définies dans la démarche HQE® d'autre part.

La Haute qualité environnementale HQE® est une démarche volontaire pour maîtriser les impacts sur l'environnement générés par un bâtiment tout en assurant à ses occupants des conditions de vie saines et confortables tout au long de la vie de l'ouvrage.

Lancée il y a quelques années par le Plan urbanisme construction architecture (PUCA) et le CSTB, la démarche de Haute qualité environnementale vise à concilier la protection de l'environnement, la qualité de la construction et l'amélioration de la qualité d'usage.

Cette démarche volontaire a été formalisée par l'association HQE autour de quatorze cibles permettant d'atteindre deux grands objectifs :

– maîtriser les impacts sur l'environnement extérieur : cibles éco-construction et éco-gestion ;

– créer un environnement intérieur sain et confortable : cibles de confort et de santé,

que le maître d'ouvrage peut inscrire dans son programme et hiérarchiser en fonction du terrain, de l'usage de l'ouvrage et de la volonté du maître d'ouvrage.

Tab. 7.1 • *Tableau récapitulatif des quatorze cibles*

Éco-construction	Éco-gestion	Confort	Santé
1 - Relation harmonieuse des bâtiments avec leur environnement immédiat	4 - Gestion de l'énergie	8 - Confort hygrothermique	12 - Conditions sanitaires des espaces
2 - Choix intégré des procédés et produits de construction	5 - Gestion de l'eau	9 - Confort acoustique	13 - Qualité de l'air
3 - Chantiers à faibles nuisances	6 - Gestion des déchets d'activités	10 - Confort visuel	14 - Qualité de l'eau
	7 - Gestion de l'entretien et de la maintenance	11 - Confort olfactif	

L'utilisation de béton cellulaire dans le bâti permet d'apporter une réponse environnementale sur un certain nombre de cibles identifiées en jaune dans le tableau 7.1 page précédente.

Cible 2 : le choix intégré des produits, systèmes et procédés de construction

La norme européenne XP P 01-010, qui a servi de référence à l'Analyse de cycle de vie (ACV) du béton cellulaire, vise à favoriser ce choix.

L'unité fonctionnelle sur laquelle a été réalisée l'analyse du cycle de vie est constituée par :
1 m^2 de mur assurant la fonction de mur isolant et porteur pendant 1 année, en prenant une durée de vie typique de 100 ans.

Pour couvrir le marché du mur en béton cellulaire, l'analyse a été réalisée sur deux épaisseurs : 25 et 30 cm.

Les éléments permettant d'évaluer l'impact environnemental de l'unité fonctionnelle béton cellulaire sont détaillés et explicités à la section 3 de ce chapitre.

Cible 3 : chantier à faible nuisance

La technique de mise en œuvre du béton cellulaire nécessite un outillage léger et des moyens de malaxage limitant sensiblement les nuisances sonores.

Le montage des blocs à joint mince permet de limiter sensiblement la quantité d'eau nécessaire pour préparer la colle, et minimise le nettoyage du matériel en fin de journée.

Le découpage aisé des blocs et la précision des découpes, réalisées à la scie, permettent de réduire significativement la quantité de déchets d'une part, et facilitent la réutilisation des chutes dans la maçonnerie d'autre part.

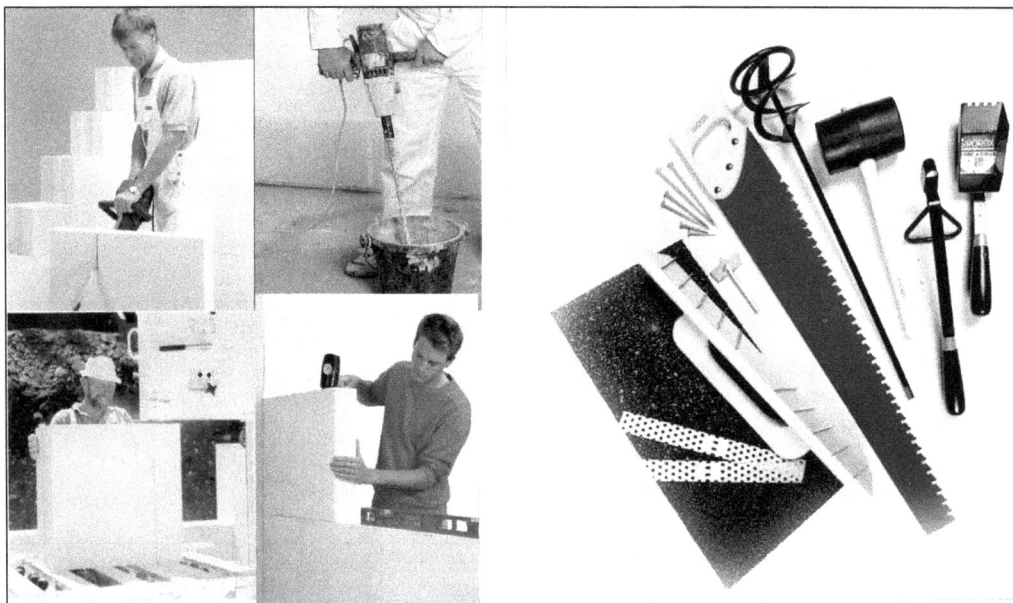

Cible 4 : gestion de l'énergie

L'incidence du bâti sur les pertes énergétiques est de l'ordre de 15 %. Un bâti bien isolé est un avantage pour réduire la demande et les besoins énergétiques en matière de chauffage.

Le mur en béton cellulaire répond à cette exigence tout en assurant la fonction de mur porteur. Il permet en outre de réduire significativement les ponts thermiques au niveau des liaisons plancher/mur extérieur, plancher/refend et refend/mur extérieur.

Cible 7 : gestion de l'entretien et de la maintenance

Dans des conditions normales d'utilisation, le mur en béton cellulaire ne nécessite aucun entretien. En effet, les performances du matériau ne sont pas altérées par le temps.

D'autre part, dans les conditions extrêmes d'un incendie, le mur en béton cellulaire présente une résistance au feu exceptionnelle supérieure à 6 h, durée maximale de l'essai, dès 15 cm d'épaisseur.

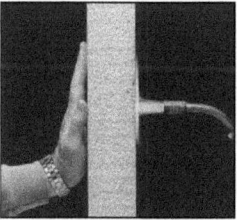

Cible 8 : confort hygrothermique

Les avantages du béton cellulaire dans ce domaine sont indéniables, grâce à un compromis optimal entre ses performances en matière d'isolation et son inertie thermique.

Ces aspects, essentiels en matière de confort d'hiver mais aussi de confort d'été, sont développés au paragraphe plus loin dans ce chapitre.

Cible 9 : confort acoustique

Un mur en béton cellulaire de 25 à 30 cm d'épaisseur répond aux exigences acoustiques extérieures définies dans la réglementation acoustique actuelle, à la fois en maison individuelle et en petit collectif.

En fonction des systèmes utilisés, les niveaux d'affaiblissement acoustique des parois varient de 48 à 67 dB.

Cible 11 : confort olfactif

Grâce à son isolation thermique répartie dans la masse d'une part, et au traitement des ponts thermiques aux liaisons d'autre part, le mur en béton cellulaire évite tout phénomène de condensation, générateur de moisissures et de mauvaises odeurs.

Cibles 12 et 13 : conditions sanitaires des espaces

Les performances du matériau dans ce domaine se traduisent par l'absence de composés organiques volatiles et par des niveaux de radioactivité nettement inférieurs aux seuils européens admissibles.

Définition du produit dans le cadre de l'analyse du cycle de vie

Produit

Bloc de béton cellulaire

Densité : 400 kg/m^3

Dimensions

Hauteur : 25 cm

Longueur : 62,5 cm

Épaisseur : 25 à 30 cm

Unité fonctionnelle (UF)

Assurer la fonction de mur porteur (1 m^2 en œuvre) pendant 100 ans (DVT) en assurant les caractéristiques techniques essentielles rappelées ci-dessous.

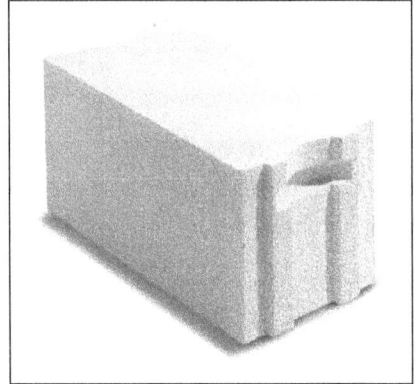

Flux de référence

100 kg de blocs béton cellulaire de 25 cm d'épaisseur

120 kg de blocs béton cellulaire de 30 cm d'épaisseur

Produits complémentaires

La réalisation de l'unité fonctionnelle nécessite l'usage du mortier colle PREOCOL.

Indicateurs

Les indicateurs sont directement dépendants des critères environnementaux ou catégories environ-nementales choisis. Dans le cadre de cette étude, nous avons retenu les huit critères obligatoires pour tous les produits de construction dans la norme XP P 01-010 :

– consommation de ressources énergétiques ;

– consommation de ressources non énergétiques ;

– consommation d'eau ;

– déchets solides ;

– changement climatique ;

– acidification atmosphérique ;

– pollution de l'eau ;

– pollution de l'air,

auxquels nous avons rajouté les catégories d'impacts suivantes qui nous ont semblé pertinentes :

– pollution photochimique ;

– pollution des sols.

Tab. 7.2 • _Indicateurs environnementaux du Thermopierre_

Bloc de béton cellulaire – Épaisseur 25 cm
Unité fonctionnelle (UF) : 1 m^2 de mur porteur en Thermopierre épaisseur 25, soit 100 kg de blocs

Impact environnemental		Unité	Valeur
Consommation de ressources énergétiques	Énergie primaire totale	MJ/UF	4,6
	Énergie renouvelable	MJ/UF	0,1
	Énergie non renouvelable	MJ/UF	4,5
Consommation de ressources non énergétiques		kg/UF	1,4
Consommation d'eau		L/UF	1,8
Déchets solides	Déchets valorisés (total)	kg/UF	0,9
	Déchets dangereux éliminés	kg/UF	0,0
	Déchets non dangereux éliminés	kg/UF	0,2
	Déchets inertes éliminés	kg/UF	0,2
	Déchets radioactifs éliminés [1]	kg/UF	0,0
Changement climatique		kg éq. CO_2/UF	0,436
Acidification atmosphérique		kg éq. SO_2/UF	0,00057
Pollution de l'air		m^3/UF	9,0
Pollution de l'eau		m^3/UF	7,0
Pollution des sols		m^3/UF	0,0
Destruction de la couche d'ozone stratosphérique		kg éq. CFC R11/UF	Non pertinent
Formation d'ozone photochimique		kg éq. éthylène/UF	0,000073
Modification de la biodiversité		Qualitatif	Extraction des carrières conformément aux réglementations ICPE

(1) Les données quantitatives de ce tableau sont exprimées par annuité.

Bloc de béton cellulaire – Épaisseur 30 cm
Unité fonctionnelle (UF) : 1 m² de mur porteur en Thermopierre épaisseur 30, soit 120 kg de blocs

Impact environnemental		Unité	Valeur
Consommation de ressources énergétiques	Énergie primaire totale	MJ/UF	5,6
	Énergie renouvelable	MJ/UF	0,1
	Énergie non renouvelable	MJ/UF	5,5
Consommation de ressources non énergétiques		kg/UF	1,7
Consommation d'eau		L/UF	2,2
Déchets solides	Déchets valorisés (total)	kg/UF	1,0
	Déchets dangereux éliminés	kg/UF	0,0
	Déchets non dangereux éliminés	kg/UF	0,3
	Déchets inertes éliminés	kg/UF	0,3
	Déchets radioactifs éliminés (1)	kg/UF	0,0
Changement climatique		kg éq. CO_2/UF	0,523
Acidification atmosphérique		kg éq. SO_2/UF	0,00067
Pollution de l'air		m³/UF	10,0
Pollution de l'eau		m³/UF	9,0
Pollution des sols		m³/UF	0,0
Destruction de la couche d'ozone stratosphérique		kg éq. CFC R11/UF	Non pertinent
Formation d'ozone photochimique		kg éq. éthylène/UF	0,000093
Modification de la biodiversité		Qualitatif	Extraction des carrières conformément aux réglementations ICPE

Les données quantitatives de ce tableau sont exprimées par annuité.

(1) dus majoritairement à la production d'électricité en France.

3.1. Commentaires sur les principaux indicateurs

Par mesure de simplification, les commentaires ci-dessous se rapportent au mur en béton cellulaire de 25 cm d'épaisseur qui représente notre mur de référence.

3.1.1. Consommation de ressources énergétiques

Durant son cycle de vie, le bloc de béton cellulaire consomme des ressources énergétiques non renouvelables (90 %) et renouvelables (10 %). Durant cette période, une unité fonctionnelle (UF) de bloc de béton cellulaire, soit 1 m² de mur pendant 100 ans, requiert 4,57 mégajoules ; cette valeur faible s'explique notamment par les recyclages d'énergie réalisés tout au long du processus de fabrication et par le volume important de produit transporté grâce à son faible poids.

Attention

Il est important de rappeler que le béton cellulaire est un produit isolant et porteur ; il ne nécessite pas de rapporter un isolant complémentaire. Pour le béton cellulaire, les indicateurs environnementaux sont directement utilisables.

3.1.2. Consommation de ressources non énergétiques

Le béton cellulaire est fabriqué à partir de sable, de chaux et de ciment, qui constituent le squelette rigide du produit. Grâce à la multitude de bulles d'air emprisonnées dans sa structure, le produit est isolant, mais aussi plus léger (100 kg/m² de mur). De plus, la pose à joint mince ($\approx$ 2-3 mm) sur chantier permet de réduire significativement la quantité de mortier colle consommée.

Compte tenu de ces éléments, la quantité de ressources non énergétiques consommée reste faible : elle s'élève à 1,42 kg/UF.

Le bloc de béton cellulaire utilise des ressources naturelles disponibles en grande quantité : il est recyclable à 100 %.

3.1.3. Consommation d'eau

La consommation d'eau nécessaire pour la fabrication d'une UF est de 1,83 L. Cette eau est consommée à 99 % pendant la phase de production, pour la fabrication de la pâte et au moment de l'autoclavage. Cette valeur est constamment améliorée grâce aux efforts déployés par les fabricants pour recycler en totalité matières, énergie et eau pendant le cycle de fabrication d'une part, et réduire les consommations d'eau et d'énergie d'autre part.

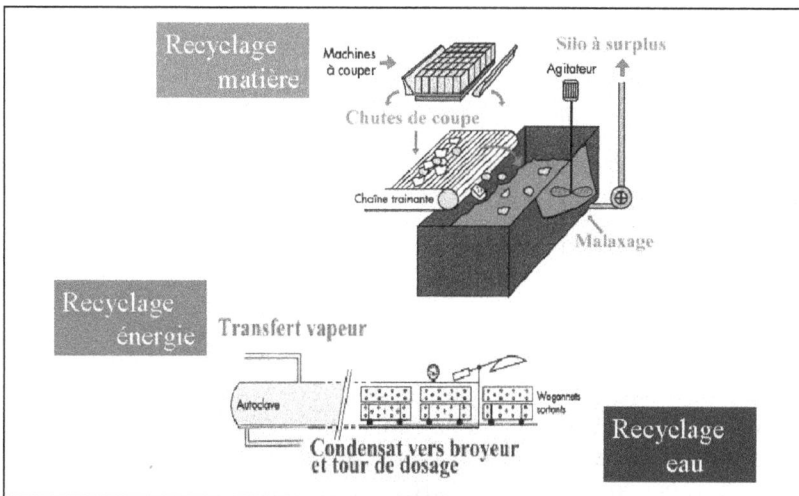

Fig. 7.1 • *Phases de recyclage d'eau et d'énergie pendant le processus de fabrication*

Par contre, lors de la phase chantier, la pose à joint mince (≈ 2 mm) permet de réduire significativement la quantité d'eau consommée.

3.1.4. Déchets solides

La masse de déchets produite par unité fonctionnelle est de 0,46 kg par annuité. Ces déchets sont inertes et non susceptibles de créer une pollution de l'eau ou du sol.

Les déchets issus de la phase de production sont valorisés à 90 %.

Lors de la mise en œuvre, une grande partie des découpes est directement réutilisable dans la construction.

Fig. 7.2 • *Réutilisation des chutes de coupe lors de la mise en œuvre*

Pour la phase de fin de vie, il est plus difficile d'imaginer les techniques qui seront utilisées dans une centaine d'années. Néanmoins, après tri, le béton cellulaire est recyclable à 100 % comme remblai de carrière, remblai routier…

3.1.5. Changement climatique

Il a pour cause principale une intensification du phénomène naturel appelé « effet de serre » dont la cause principale est l'activité humaine. L'impact généré par la fabrication d'une UF est de 0,436 kg éq. CO_2.

La principale source d'énergie utilisée en production est le gaz naturel. La production de CO_2 reste faible comparativement aux émissions provenant de l'activité humaine quotidienne. En effet, la quantité de gaz à effet de serre émise au cours du cycle de vie d'une maison en béton cellulaire (murs intérieurs et extérieurs) est équivalente aux émissions générées par une famille de quatre personnes pendant un mois environ (chauffage, électricité et utilisation de la voiture – source : Écobilan).

Fig. 7.3 • *Réutilisation expérimentale avec la communauté urbaine de Lyon (Courly)*

3.1.6. Acidification atmosphérique

Cet indicateur permet d'évaluer la contribution du produit à l'acidification de l'air et donc à la génération de pluies acides. Cette quantité est très faible.

3.1.7. Pollution de l'air

Le volume d'air pollué au cours du cycle de vie d'une UF s'élève à 9 m^3. L'impact pour une maison en béton cellulaire de type F5, pour quatre personnes, pendant un cycle de vie, est équivalent à celui d'un parcours de 100 km en voiture (source : Idemat 2001).

3.1.8. Pollution de l'eau

Le principe consiste à calculer le volume fictif d'eau exprimé en m^3 par lequel il faudrait diluer chaque flux de l'inventaire pour le rendre conforme au seuil de l'arrêté du 2 février 1998.

3.1.9. Pollution des sols

Ce critère n'est pas jugé pertinent pour tous les produits de construction (NF XP P 01-010). Cependant, l'introduction des données sur la mise à disposition des énergies, pour répondre aux exigences de la norme XP P 01-010-2, a conduit à considérer également la catégorie d'impact « pollution des sols ».

Dans le cadre de la norme, c'est la méthode du volume critique, sur la base de l'arrêté du 2 février 1998 modifié, qui s'applique à la pollution des sols.

Le principe consiste à calculer le volume fictif d'eau, exprimé en m^3, par lequel il faudrait diluer chaque flux de l'inventaire pour le rendre conforme au seuil de l'arrêté, et à faire la somme des volumes fictifs ainsi calculés.

Cette somme est l'indicateur de pollution des sols et est exprimée en m^3 d'eau.

3.1.10. Formation d'ozone photochimique

Cette catégorie d'impact n'est pas jugée pertinente pour tous les produits de construction. Néanmoins, certains polluants tels que les hydrocarbures, issus notamment du transport, réagissent avec les photons solaires pour former de l'ozone dans la troposphère.

3.2. Contribution du produit à la maîtrise des risques sanitaires lors de la mise en œuvre

Par sa facilité de découpe d'une part, et la possibilité de réutiliser les chutes au cours du montage de la maçonnerie d'autre part, le béton cellulaire permet de réduire sensiblement la quantité de déchets produits sur chantier.

La coupe par sciage à sec du béton cellulaire, au moyen d'une scie à ruban ou d'une scie thermique, génère une faible quantité de poussières et de granulats dont la taille et la composition ne présentent pas de risques pour les opérateurs. Lors de la mise en œuvre, ces poussières peuvent être récupérées et mélangées à la colle pour moitié, afin de constituer un mortier sec permettant un rebouchage aisé des saignées.

Par ailleurs, un rapport d'analyse réalisé sur des poussières de béton cellulaire montre qu'elles ne présentent pas de danger pour l'homme (Bericht N° 17.07.1997/ta1.td).

3.2.1. Radon et radioactivité gamma

Des mesures effectuées sur deux échantillons de blocs de béton cellulaire, représentatifs des productions françaises, ont donné les valeurs moyennes d'activité massique du tableau 7.3.

À titre indicatif, selon *United Nations Scientific Committee on the Effects of Atomic Radiations* (UNSCEAR), les concentrations moyennes de 40K, 226Ra et 232Th de l'écorce terrestre sont respectivement de 400 Bq/kg, 40 Bq/kg et 40 Bq/kg.

Les valeurs de l'indice d'activité I des blocs de béton cellulaire sont calculées selon la formule :

$$I = AK/3\,000 + ARa/300 + ATh/200$$

les trois activités étant exprimées en Bq/kg.

Tab. 7.3 • *Radon et radioactivité gamma*

Échantillon	40 k	226 Ra	232 Th	Indice I
Bloc 1	33 +/– 5	9,4 +/– 1	7,5 +/– 0,6	0,08
Bloc 2	218 +/– 16	12,5 +/– 1	13,7 +/– 0,6	0,18

Moyenne écorce terrestre   400 Bq/Kg   40 Bq/Kg   40 Bq/Kg
Seuil maximal européen : 0,5

Les valeurs de l'indice d'activité I des blocs en béton cellulaire sont nettement inférieures au seuil européen de 0,5 (correspondant à une dose gamma reçue inférieure à 0,3 mSv/an). Les blocs de béton cellulaire peuvent donc être classés, selon la recommandation du rapport 112 de la Commission européenne, dans la catégorie des produits exemptés de toute restriction d'utilisation qui pourrait résulter d'une éventuelle radioactivité.

3.2.2. Émissions de composés organiques volatils (COV) et aldéhydes

Les essais ont été réalisés par le CSTB (rapport d'essai ES 532-03-0016), conformément au protocole européen ECA/IAQ en utilisant un scénario mur.

Ils ont démontré que le béton cellulaire ne contient pas de composés organiques volatiles.

De plus, le bloc en béton cellulaire n'étant pas en contact direct avec l'air intérieur des bâtiments, il ne contribue pas à la contamination de l'air des bâtiments par les COV et aldéhydes.

3.2.3. Micro-organismes

Le béton cellulaire étant un matériau minéral d'une part, et n'étant pas en contact direct avec l'air intérieur des bâtiments d'autre part, il ne contribue pas au développement de moisissures.

3.2.4. Fibres et particules

De par leur nature non fibreuse, les blocs de béton cellulaire ne sont pas à l'origine d'émissions de fibres ou de particules susceptibles de contaminer l'air intérieur des bâtiments.

3.3. Contribution du produit à la qualité sanitaire de l'eau

Sans objet par rapport à cette cible dans la mesure ou le produit n'est pas utilisé pour le transport ou la conservation de l'eau.

3.4. Contribution du produit au confort

3.4.1. Caractéristiques du produit participant à la création des conditions de confort hygrothermique dans le bâtiment

3.4.1.1. L'isolation thermique

Ce thème a été largement développé dans cet ouvrage. Rappelons que le béton cellulaire est un matériau isolant et porteur, homogène, dont les caractéristiques thermiques sont indiquées dans le tableau 7.4.

Tab. 7.4 • *Caractéristiques thermiques*

Épaisseur de paroi	Conductivité thermique (W/m.K)	Résistance thermique du mur enduit 2 faces R(m^2.K/W)	Coefficient de transmission surfacique U(W/m^2.K)
25 cm	0,12	2,16	0,46

Il ne nécessite pas d'isolation complémentaire.

De plus, grâce à son système constructif, il permet de traiter efficacement les ponts thermiques (rapport du CSTB : ELT/HTO 2002-176 LF/LS et règles thU 2000 fascicule 5/5) tels que ceux observés aux jonctions :
– mur de façade/plancher (bas, intermédiaire ou haut) ;
– mur de façade/refend ;
– plancher sur vide sanitaire/refend.

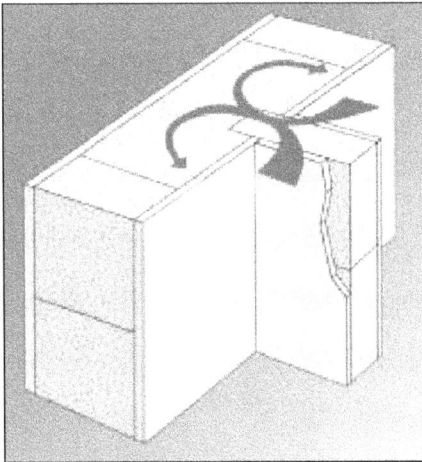

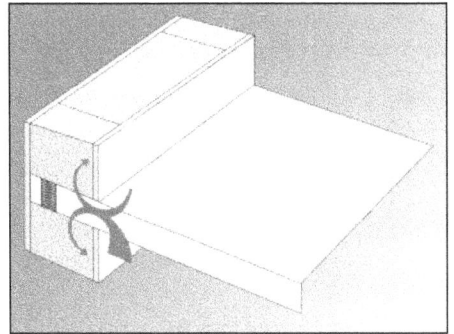

3.4.1.2. L'inertie thermique

Outre l'isolation thermique, la notion de confort thermique dans un bâtiment dépend aussi de la capacité thermique de la paroi, de son temps de refroidissement de cette paroi, de l'amortissement thermique et du déphasage au travers de cette paroi.

Ces différents éléments ont été déterminés pour des parois en béton cellulaire de 25 cm d'épaisseur (formules de
Croiset) : ils sont également largement
exposés au chapitre 3, p. 28.

3.4.1.3. *Confort hygrothermique*

De par sa structure homogène et isolante dans la masse, le bloc de béton
cellulaire ne permet pas le développement de condensation dans sa masse ni
à son contact dans une habitation.

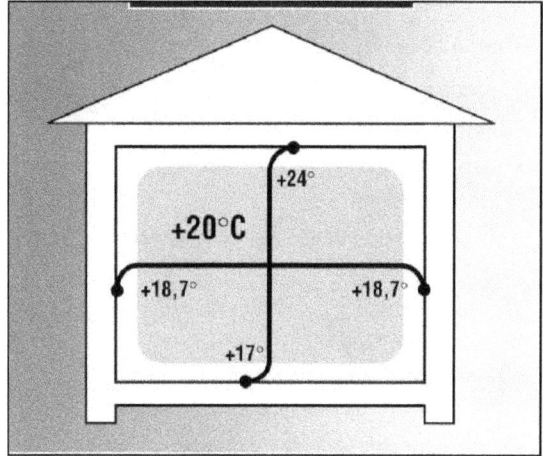

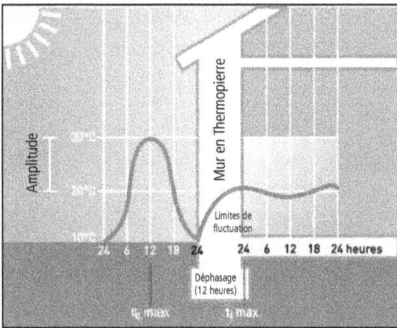

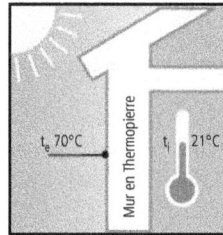

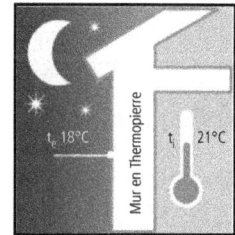

3.4.2. Caractéristiques du produit participant à la création des conditions de confort acoustique dans le bâtiment

Les blocs de béton cellulaire permettent, grâce à leur masse, de réduire
notablement la transmission des bruits
intérieurs et extérieurs dans un bâtiment. Les différentes épaisseurs et den-
sités permettent d'obtenir une grande
variété de performances acoustiques
(voir chapitre 4, p. 52).

L'indice d'affaiblissement acoustique
dans le cas des blocs considérés dans
l'étude est R_w = 48 dB pour le mur de
25 cm d'épaisseur, ce qui répond à la
réglementation en vigueur en matière
de bruits provenant de l'extérieur.

Projets réalisés dans le cadre d'une démarche environnementale

Thème : qualité environnementale dans le cadre d'un SPIRE

Collectif en bande – ZAC Saint-Lazare – Limoges

Objectifs du maître d'ouvrage

Éco-construction :
- Choix du terrain
- Relation harmonieuse des bâtiments avec leur environnement
- Choix intégré des procédés et produits

Éco-gestion :
Gestion de l'énergie
- C = Créf – 8 % (RT 2000)
- Entretien et maintenance
- Choix matériaux et équipements robustes

Confort et qualité visuelle :
- Confort hygrothermique (choix du béton cellulaire)
- Confort acoustique
- Confort visuel lié aux volumes intérieurs des maisons

Objectifs des entreprises
- Gestion rigoureuse des installations de chantier et des déchets produits par la construction
- Délais de construction réduits

Objectifs de l'administration
- Mener une réflexion sur le béton cellulaire et tester le produit pour répondre aux objectifs de gestion de l'énergie et de confort hygrothermique
- Offrir des supports d'accompagnement et développement pour la démarche environnementale

Objectifs de l'industriel Xella béton cellulaire
- Maîtrise de la qualité produits et service
- Formation à la mise en œuvre, et assistance à la demande auprès de l'entreprise de gros œuvre
- Suivi de la réalisation pour la partie gros œuvre béton cellulaire
- Mise à disposition de documents environnementaux sur le béton cellulaire

- Vérification de l'étanchéité du bâti
- Vérification des performances acoustiques

Thème : Label Qualitel Habitat – Habitat et Environnement

Petit collectif – Pont Audemer

Qualitel Cref-8 % et Habitat et Environnement : profil C (économies d'eau non prises en compte). Chantier propre.

4. Influence des conditions environnementales sur le matériau

4.1. Retrait

4.1.1. Pendant le durcissement

Le durcissement définitif du béton cellulaire intervient au cours de l'autoclavage grâce à la formation de cristaux de silicate de calcium hydraté (tobermorite) sous haute pression de vapeur d'eau (11 à 12 bars). Les cristaux de tobermorite confèrent au matériau sa résistance mécanique et sa stabilité dimensionnelle. Au cours de ce processus, les variations dimensionnelles observées sur un bloc sont de l'ordre de 7 Å environ (de l'ordre du millionième de mm).

4.1.2. Au séchage

À la sortie de l'autoclave, la teneur en humidité du béton cellulaire varie de 16 à 25 % en volume.

Comme l'indique le graphique ci-dessous, la majorité de cette humidité disparaît après 3 mois, lorsque la construction en est encore au stade du gros œuvre.

Dans la pratique, compte tenu de l'eau apportée par la mise en œuvre et les finitions, ainsi que par les intempéries en cours de chantier, le taux d'équilibre (2 % en volume pour des maçonneries en béton cellulaire de masse volumique 400 kg/m^3) est atteint après 12 à 24 mois d'occupation du bâtiment, suivant les conditions particulières d'utilisation de la construction.

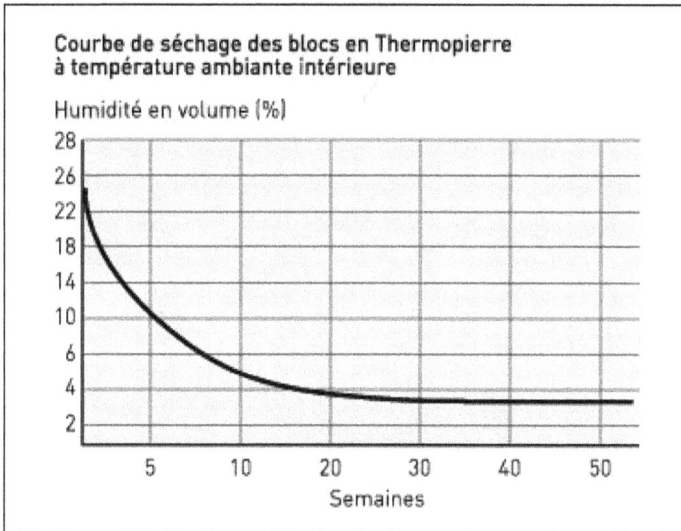

Courbe de séchage des blocs en Thermopierre à température ambiante intérieure

Ce taux d'équilibre peut varier légèrement en fonction de la masse volumique du béton cellulaire, comme l'indique le graphique de gauche.

L'eau résiduelle dans le béton cellulaire se retrouve sous diverses formes :
– eau liée chimiquement (cristaux) ;
– eau combinée dans les structures amorphes situées dans les micropores ;
– eau libre dans les capillaires et les macropores.

Teneur en humidité d'équilibre (en volume)
en fonction de la masse volumique

Humidité d'équilibre (% volume)

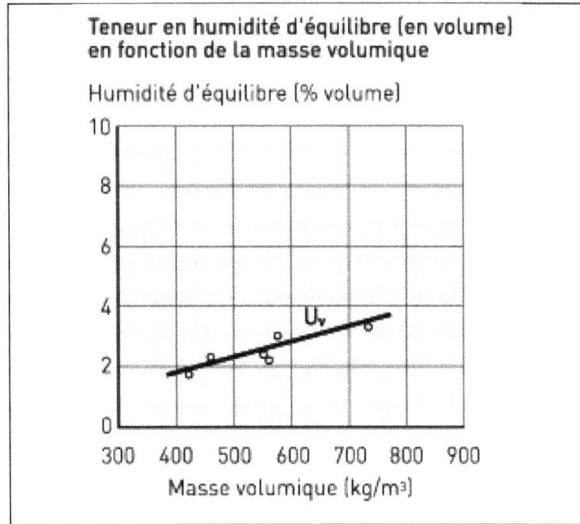

Pour le béton cellulaire, le retrait dû à ce séchage ne dépasse pas 0,2 mm/m. C'est d'ailleurs la valeur limite définie dans le complément national à la norme européenne EN 771-4.

Retrait dû au séchage pour le Thermopierre

Retrait en mm/m

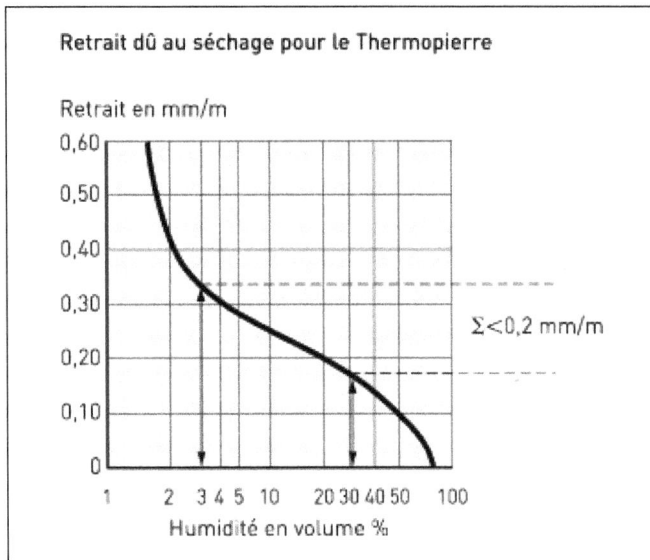

4.2. Dilatation thermique

Le coefficient de dilatation linéaire d'un matériau est la variation de longueur d'un élément de 1 m pour 1 K de variation de température.

Pour le béton cellulaire, ce **coefficient de dilatation** est de 8.10^{-6} **m/m.K**.

À titre comparatif, le tableau 7.5 donne le coefficient de dilatation linéaire de différents matériaux de maçonnerie.

Tab. 7.5 • *Coefficient de dilation linéaire*

Brique	Granit	Béton cellulaire	Blocs silico-calcaires	Béton
5.10^{-6} m/m.K	5.10^{-6} m/m.K	8.10^{-6} m/m.K	9.10^{-6} m/m.K	10.10^{-6} m/m.K

4.3. Résistance aux agents chimiques

La résistance aux agents chimiques du béton cellulaire est similaire à celle du béton lourd. L'un et l'autre résistent toutefois moins bien aux acides puissants, que l'on ne trouve pas en habitation et rarement en construction industrielle, sauf applications spécifiques. Grâce à son alcalinité élevée, le béton cellulaire résiste aux pluies acides. Seuls quelques millimètres peuvent être légèrement altérés.

Le tableau 7.6 montre l'évolution en pourcentage de la résistance en compression (100 % correspond à la résistance initiale) après 14 jours de stockage dans différentes solutions acides, basiques…

Tab. 7.6 • *Résistance en compression*

Catégorie	Solution	Compression (%)
Solutions salines	H_2O	100
	Eau courante	100
	Sulfate de sodium Na_2SO_4 (1 mole)	100
	Carbonate de sodium Na_2CO_3 (1 mole)	100
	Chlorure de sodium NaCl (1 mole)	100
	Fluorure de lithium LiF (1 mole)	100
	Carbonate de potassium K_2CO_3 (2 moles)	96
	Sulfate de magnésium $MgSO_4$ (1 mole)	95
	Acétate d'ammonium NH_4COOCH_3 (1 mole)	92
Solutions acides	Acide oxalique $H_2C_2O_4$ (2 moles)	66
	Acide acétique CH_3COOH (1 mole)	58
	Acide acétique CH_3COOH (2 moles)	45
	Acide tartrique (1 mole)	68
	Acide sulfurique H_2SO_4 (2 moles)	18
	Acide nitrique HNO_3 (1 mole)	46
	Acide nitrique HNO_3 (2 moles)	15
	Acide chlorhydrique HCl (2 moles)	12
Solutions basiques	Soude NaOH (1 mole)	81
	Soude NaOH (4 moles)	85
Solutions organiques	Acide acétique n-butyl-ester (1 mole)	100
	Xylène	100
	Pétrole	100
	Essence	100

Source Advances in Autoclaved Aerated Concrete – Folker Wittmann

Le béton cellulaire est donc résistant aux solutions salines, basiques et organiques mais a une résistance limitée face aux solutions acides. Son utilisation dans des locaux soumis à l'usage de produits acides nécessite par conséquent la mise en place de dispositions pour le protéger.

4.4. Diffusion de vapeur

La diffusion de vapeur au travers d'une paroi poreuse est provoquée par une différence de pression de vapeur entre les deux côtés de cette paroi.

Cette différence de pression n'a aucune action mécanique, mais entraîne la diffusion de vapeur du côté de la pression la plus élevée vers le côté de la pression la plus faible.

Tout matériau de construction oppose une certaine résistance à cette diffusion appelée « coefficient de résistance à la diffusion de vapeur » : μ. La valeur μ de l'air (valeur référence) est de 1. Celle d'un matériau indique combien de fois la résistance à la diffusion de vapeur de ce matériau est supérieure à celle d'une couche d'air de la même épaisseur.

Pour le béton cellulaire, la valeur μ varie entre 5 et 10 en fonction de la masse volumique. Celle d'un matériau étanche est infinie (∞).

Tab. 7.7 • *Exemples de matériaux (désignation NF P 14-306 et valeurs EN 12524)*

Désignation	Valeur de μ
Air	1
Béton Cellulaire	6
Terre cuite	10
Bois	20 à 50
Béton	4 à 120
Béton armé	80
Isolant synthétique	50 à 150
Asphalte	50 000
PVC	50 000
Verre	∞
Couverture métallique	∞

Plus la valeur μ est petite, meilleure est la diffusion de vapeur d'eau. Elle s'évacue donc plus rapidement. Le béton cellulaire étant un matériau à valeur μ très basse, on dit de lui qu'il « respire ».

4.5. Absorption d'eau

En contact direct avec l'eau (y compris la pluie), les matériaux absorbent l'eau par capillarité suivant la formule :

$$m(t) = A * \sqrt{t_w}$$

m(t) = eau absorbée par unité de surface (kg/m^2) pour une période t

A = coefficient d'absorption d'eau (kg/m^2.s^{0,5})

t_w = durée de contact avec l'eau (secondes)

La valeur A du béton cellulaire varie entre 70.10^{-3} et 130.10^{-3} kg/m^2.h^{0,5}. Elle est nettement inférieure à celle de la terre cuite ou du plâtre. Dans le cas du béton cellulaire, le transfert de l'eau ne peut se faire que par la matière solide, qui constitue les parois des cellules fermées et ne représente que 20 % du volume, ce qui ralentit très sensiblement la progression de l'eau.

Note

Reportez-vous au chapitre 2 de l'ouvrage pour connaître la performance mécanique du béton cellulaire immergé pendant 10 ans !

4.6. Résistance au gel et au dégel

En général, les cycles de gel et de dégel ne causent pas de dégâts au béton cellulaire. Ceci est d'autant plus vrai que le DTU 20.1 prévoit la mise en place d'un enduit assurant l'imperméabilisation des parois pour les protéger des intempéries. Des précautions doivent être prises uniquement pour des applications particulières telles que les chambres froides.

D'une façon générale, les matériaux poreux ne résistent pas au gel au-dessus d'une teneur en humidité critique. Ceci est le cas tant pour le béton lourd que pour le béton cellulaire. Le seuil d'humidité critique pour un béton cellulaire n'est atteint qu'au taux de 45 % du volume.

Ce taux n'est jamais atteint sur chantier dans nos régions. Peu après le début de l'occupation de la construction, le taux se stabilise autour de 2 % d'humidité en volume.

Dans le cas où les murs extérieurs en béton cellulaire ne sont pas protégés ou traités (locaux industriels non destinés à l'usage de bureaux par exemple), ce taux peut atteindre 10 %. Si le traitement des surfaces extérieures est souhaitable afin d'éviter une absorption d'eau en surface diminuant le pouvoir isolant thermique du béton cellulaire, il est indispensable que la couche de protection soit perméable à la vapeur d'eau. Si la couche de protection est imperméable à la vapeur d'eau, celle-ci se condense sur la surface extérieure du mur.

Dans ce cas, elle peut atteindre la saturation et ainsi dépasser le taux d'humidité critique, avec comme conséquence des dégâts en cas de gel. Ce principe est valable pour la plupart des matériaux.

Attention

Imperméabilité vis-à-vis de l'eau, mais perméabilité à la vapeur d'eau !

Pour qu'un revêtement soit perméable à la vapeur d'eau, il doit répondre aux critères de Künzel, à savoir :

– Coefficient d'absorption d'eau :

$$C_{w,s} \leq 0,5 \text{ kg/m}^2.\text{h}^{0,5}$$

– Résistance à la diffusion de vapeur d'eau :

$$S_d \leq 2\text{m}$$

où $S_d = \mu \times d$, soit le coefficient de résistance à la diffusion de la vapeur d'eau multiplié par l'épaisseur.

Le produit de ces deux paramètres est soumis à l'exigence suivante :

$$C_{w,s} \cdot S_d \leq 0,2 \frac{\text{kg}}{\text{m} \cdot \text{h}^{0,5}}$$

ce qui se traduit également selon la norme NF P 12-024-2 par le tableau 7.8 (l'absorption d'eau des blocs $C_{w,s}$ est mesurée en g/dm^2).

Tab. 7.8 • *Absorption des blocs*

Temps	10 minutes	30 minutes	90 minutes	24 heures
$C_{w,s}$	45	60	80	110

CHAPITRE 8

GAMME DE PRODUITS

Les éléments décrits ci-après sont fournis à titre indicatif, dans la mesure où les gammes de produits évoluent régulièrement en fonction d'exigences diverses (marché, réglementation…).

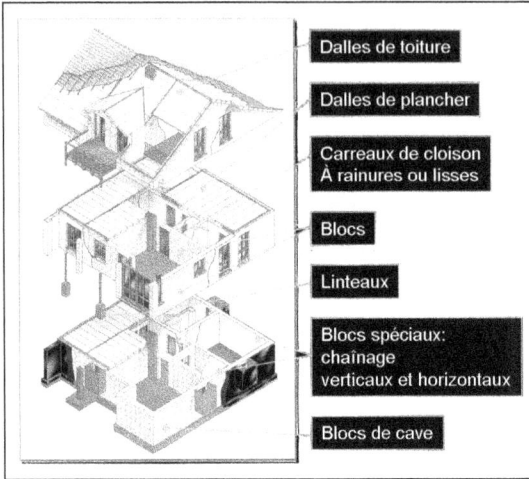

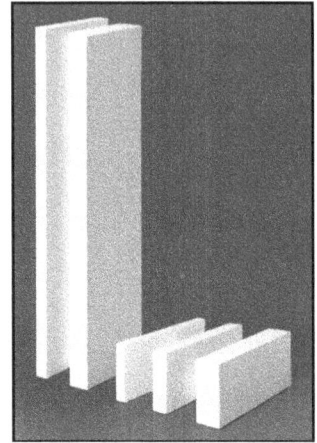

Dalles de toiture

Dalles de plancher

Carreaux de cloison
À rainures ou lisses

Blocs

Linteaux

Blocs spéciaux:
chaînage
verticaux et horizontaux

Blocs de cave

1. Éléments non armés

Ce sont les blocs, ou linteaux. Les fabrications françaises bénéficient toutes de la marque NF ou de certificats CSTBat.

Les blocs peuvent être utilisés en murs intérieurs ou extérieurs, porteurs ou non porteurs.

Leur utilisation est préconisée pour des maisons individuelles, des appartements, des bureaux, des garages, des bâtiments industriels ou agricoles, des magasins, des hôpitaux, des murs coupe-feu, etc.

Leur pose est réalisée au moyen d'un mortier colle posé à joints minces.

1.1.   Les blocs courants, à emboîtement avec ou sans poignées

Bloc profil PYS						

M_{vn} (kg/m³)	R_{cn} (MPa)	Conductivité thermique (W/m.K)	Épaisseur (cm)	Longueur (cm)	Hauteur (cm)	Commentaires destinations
370	3,0	0,11	15,0			Cloisons
			17,5			Cloisons
			20,0			Murs de refend
400	3,0	0,12	25,0	60,0 ou 62,5	25,0 ou 50,0	Murs de refend + Murs extérieurs
			30,0			Murs de refend + Murs extérieurs
550	4,5	0,18	32,5			Murs de refend + Murs extérieurs
			36,5			Murs de refend + Murs extérieurs
			37,5			Murs de refend + Murs extérieurs
Profil lisse ou poignées lisses ou poignées et à emboîtement						

La mise en œuvre des blocs courants est réalisée selon les spécifications du DTU 20.1.

La mise en œuvre des blocs à emboîtement avec ou sans poignées répond également aux spécifications du DTU 20.1, mais elle est plus rapide et plus simple, car seuls les joints horizontaux sont à coller, les joints verticaux étant réalisés par un système à emboîtement rainure et languette.

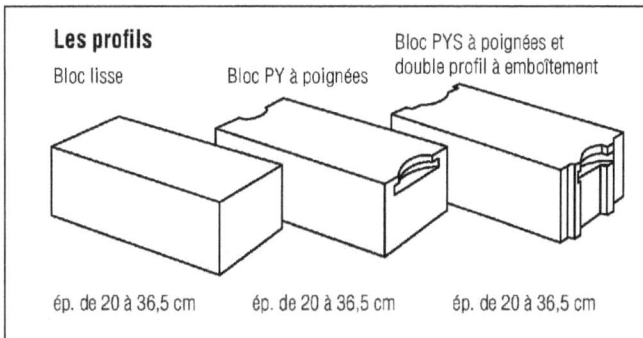

Les profils

Bloc lisse   Bloc PY à poignées   Bloc PYS à poignées et double profil à emboîtement

ép. de 20 à 36,5 cm   ép. de 20 à 36,5 cm   ép. de 20 à 36,5 cm

1.2. Blocs de rehausse

M_{vn} (kg/m³)	R_{cn} (MPa)	Conductivité thermique (W/m.K)	Épaisseur (cm)	Longueur (cm)	Hauteur (cm)	Commentaires destinations
370	3,0	0,11	17,5	60,0 ou 62,5	12,5	Cloisons
			20,0			Murs de refend
400 à 550	3,0 à 4,5	0,12 à 0,18	25,0			Murs de refend + Murs extérieurs
			30,0			Murs de refend + Murs extérieurs
			32,5			Murs de refend + Murs extérieurs
			36,5			Murs de refend + Murs extérieurs
			37,5			Murs de refend + Murs extérieurs
Profil lisse ou poignées lisses ou poignées et à emboîtement						

Ils sont destinés à rattraper les niveaux d'arase lorsque la hauteur n'est pas multiple de 25 cm.

Ils peuvent être utilisés en premier ou en dernier rang et répondent aux mêmes règles que les blocs courants.

1.3. Blocs de chaînages horizontal et vertical

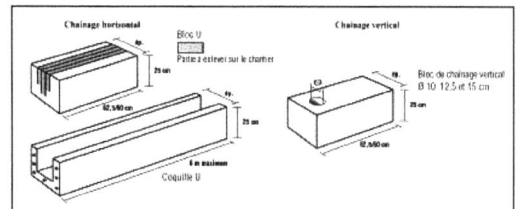

M_{vn} (kg/m³)	R_{cn} (MPa)	Conductivité thermique (W/m.K)	Épaisseur (cm)	Longueur (cm)	Hauteur (cm)	Commentaires destinations
370 400	3,0	0,11 0,12	15,0	60,0 ou 62,5 (ou 200 à 600)	25	Cloisons
			20,0			Murs de refend
			22,5			Murs de refend
			25,0			Murs de refend + Murs extérieurs
			27,5			Murs de refend + Murs extérieurs
			30,0			Murs de refend + Murs extérieurs
			32,5			Murs de refend + Murs extérieurs
			36,5			Murs de refend + Murs extérieurs
			37,5			Murs de refend + Murs extérieurs
Profil lisse et armatures de transport si grandes longueurs						

Les blocs de chaînage horizontal sont en forme de U, ce qui permet de réaliser des blocs en béton armé sans coffrage tels que des linteaux de faibles ou moyennes portées tout en assurant la continuité du support d'enduit des murs.

Les blocs de chaînage vertical sont des blocs perforés d'un trou cylindrique. Ils sont destinés à la réalisation de chaînages verticaux d'angle, ainsi que de chaînages autour des joints de fractionnement éventuels (joints de dilatation par exemple). Ils permettent d'assurer la continuité du matériau pour réaliser des éléments armés.

1.4. Chaînage en about de plancher : les planelles

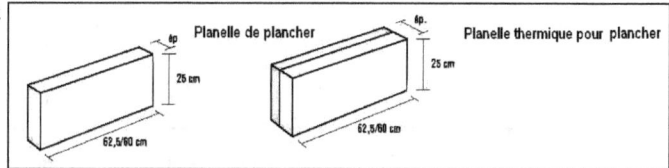

M_{vn} (kg/m^3)	R_{cn} (MPa)	Conductivité thermique (W/m · K)	Épaisseur (cm)	Longueur (cm)	Hauteur (cm)	Commentaires destinations
500 ou 550	3,0	0,18	5,0	60,0 ou 62,5	20 ou 25	
			7,0			
			10,0			
		0,07	11	62,5		Associée à 3,5 cm de laine minérale
		0,08	13,5	62,5		Associée à 3,5 cm de laine minérale
Profil lisse						

Les planelles sont posées au niveau du chaînage horizontal du plancher afin d'assurer la continuité du support d'enduit extérieur et de l'isolation thermique. Il faut signaler que la pose de planelles non isolantes (sans laine minérale) nécessite la pose simultanée d'un complément d'isolation pour obtenir les meilleures corrections de parts thermiques.

1.5. Carreaux courants

M_{vn} (kg/m^3)	R_{cn} (MPa)	Conductivité thermique (W/m.K)	Épaisseur (cm)	Longueur (cm)	Hauteur (cm)	Commentaires destinations
400 à 550	3,0 à 4,5	0,12 à 0,18	5,0	60,0 ou 62,5	25 ou 50	Aménagements et habillages
			7,0			Cloisons
			7,5			Cloisons
			10,0			Cloisons
			12,5			Cloisons
			15,0			Cloisons
			17,5			Cloisons
Profil lisse						

Les carreaux courants, ou lisses, sont destinés à la réalisation de cloisons intérieures, de doublages et d'habillages constructifs ou décoratifs de petits ouvrages intérieurs et extérieurs. Ils peuvent servir à l'habillage des baignoires, des hottes isolées, des parties non fonctionnelles des cheminées et à la création de placards, étagères ou même de bureaux.

1.6. Carreaux à emboîtement

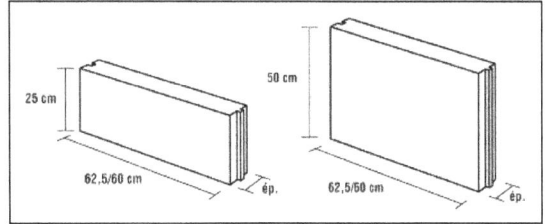

M_{vn} (kg/m³)	R_{cn} (MPa)	Conductivité thermique (W/m.K)	Épaisseur (cm)	Longueur (cm)	Hauteur (cm)	Commentaires destinations
400 à 550	3,0 à 4,5	0,12 à 0,18	7,0	60,0 ou 62,5	25 ou 50	Cloisons
			7,5			Cloisons
			10,0			Cloisons
			12,5			Cloisons
			15,0			Cloisons
			17,5			Cloisons
Profil lisse						

Leur utilisation est la même, mais l'emboîtement permet une mise en œuvre plus rapide.

1.7. Linteaux non armés et non porteurs

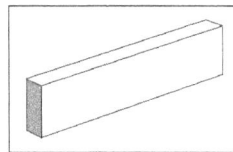

M_{vn} (kg/m³)	R_{cn} (MPa)	Conductivité thermique (W/m.K)	Épaisseur (cm)	Longueur (cm)	Hauteur (cm)	Commentaires destinations
500	4,0	0,12	7,0	125	25	Ouvertures dans cloisons
			10,0	250		Ouvertures dans cloisons
Profil lisse						

Les linteaux non porteurs en béton cellulaire armé sont destinés à la réalisation d'ouvertures dans les cloisons intérieures. Ils peuvent aussi servir dans l'habillage des coffres de volets roulants intégrés. Il sont posés sur un lit de mortier colle avec un appui minimal de 12,5 cm de largeur.

144

2. Éléments armés

2.1. Dalles de bardage

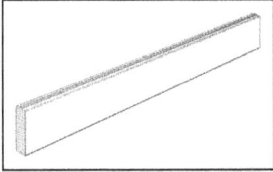

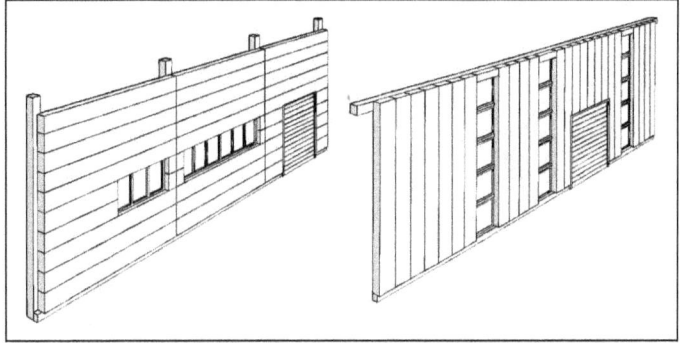

M_{vn} (kg/m^3)	R_{cn} (MPa)	Conductivité thermique (W/m.K)	Épaisseur (cm)	Longueur (cm)	Hauteur (cm)	Commentaires destinations
500 à 600	3,5 à 4,5	0,12 à 0,18	10,0	200 à 600	60,0	Cloisonnement séparatif
			15,0			Mur Séparatif coupe feu + mur extérieur
			20,0			Mur Séparatif coupe feu + mur extérieur
			24,0			Mur extérieur
			30,0			Mur extérieur
Profil lisse						

Les dalles de mur sont généralement utilisées en combinaison avec une ossature en béton, en acier ou en bois. La mise en œuvre peut être horizontale ou verticale.

Elles sont placées devant ou entre les colonnes. Elles sont autoportantes et superposables jusqu'à des hauteurs usuelles en constructions industrielles. Certains éléments peuvent être spécialement renforcés pour reprendre des charges particulières (par exemple : allèges, linteaux, frontons, silos à pommes de terre…).

2.2. Linteaux armés porteurs

Les linteaux porteurs en béton cellulaire armé sont destinés à la réalisation d'ouvertures dans les murs porteurs. Ils sont posés sur un lit de mortier colle avec un appui minimal de 12,5 cm de largeur.

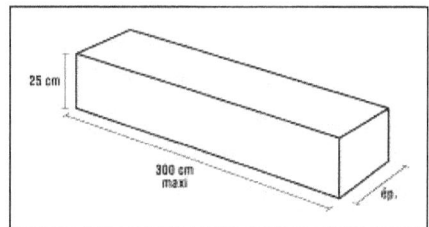

Dimensions	8 KN/ml	18 KN/ml
100 - 25 - 20	X	X
100 - 25 - 25	X	X
100 - 25 - 30	X	X
125 - 25 - 15	X	X
130 - 25 - 15	X	X
130 - 25 - 20	X	X
130 - 25 - 25	X	X
130 - 25 - 30	X	X
150 - 25 - 15	X	X
150 - 25 - 20	X	X
150 - 25 - 25	X	X
150 - 25 - 30	X	X
200 - 25 - 15	X	Pour les longueurs
200 - 25 - 20	X	200 cm,
200 - 25 - 25	X	consultez nos services
200 - 25 - 30	X	techniques.
260 - 25 - 20	X	
260 - 25 - 25	X	
260 - 25 - 30	X	
300 - 25 - 20	X	
300 - 25 - 25		
300 - 25 - 30	X	

2.3. Dalles de plancher

2.3.1. Généralités

Les dalles de plancher en béton cellulaire armé porteur et isolant sont destinées à la réalisation de planchers. Elles peuvent participer au contreventement des bâtiments et sont particulièrement adaptées pour un emploi sur vide sanitaire et sur haut de sous-sol. Les dalles sont posées jointives et immédiatement praticables. Elles sont dimensionnées suivant les charges retenues, et fabriquées sur mesure en usine selon un plan de calepinage.

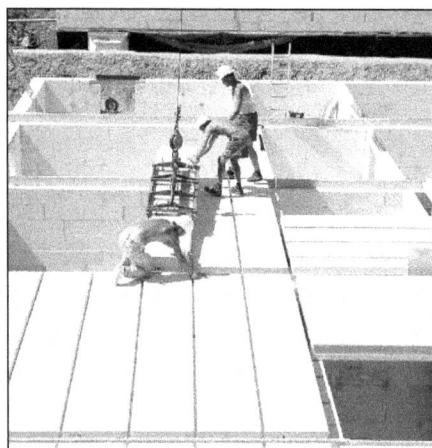

2.3.2. Avantages

Leur utilisation, dans les maisons individuelles, maisons en bande, bâtiments tertiaires ou agricoles, apporte de nombreux avantages :
- pose directe à sec ;
- rapidité de mise en œuvre (100 m^2 en 5 heures) ;
- immédiatement praticables ;
- aucun coffrage, ni temps de séchage, ni étai de soutien ;
- excellente isolation thermique ;
- solution idéale pour les chauffages par le sol.

2.3.3. Dimensions

Les dimensions standards des dalles de plancher sont les suivantes (mais elles peuvent varier en fonction de l'usine de fabrication) :
- largeur standard : 62,5 à 75 cm
- largeur minimum : 30 cm
- portée : se référer au tableau ci-dessous
- masse volumique M$_{vn}$: 400, 450 et 500 kg/m^3.

Charges (kg/m^2)		Épaisseur (cm)						
		15	17,5	20	22,5	25	27,5	30
Perma-nentes	Variables	Longueurs admissibles (cm)						
150	150	375	440	505	545	600	600	600
200	150	350	410	475	515	575	600	600
250	150	330	390	445	490	530	570	600
300	150	315	365	420	470	485	525	565
150	250	345	405	450	500	520	560	600
200	250	325	385	415	460	480	520	555
250	250	310	365	385	430	445	485	520

2.4. Dalles de toiture

2.4.1. Généralités

Les dalles de toiture des systèmes de construction sont armées et à forte capacité portante. Elles servent à la réalisation de toitures isolantes, massives et portantes. La planéité de leur surface intérieure est utilisée directement pour les plafonds. Elles sont disposées horizontalement ou en rampant, parallèlement à l'axe de faîtage, leurs extrémités reposant sur les murs porteurs transversaux. Elles sont dimensionnées et fabriquées sur mesure en usine selon un plan de calepinage.

2.4.2. Avantages

Les dalles de toiture en béton cellulaire :
– augmentent la résistance thermique de la construction ;
– améliorent le confort intérieur par leur forte inertie thermique ;
– sont massives et solides ;
– garantissent la pérennité de la construction ;
– diminuent les dépenses de chauffage.

2.4.3. Dimensions

Les dimensions standards des dalles de toiture sont les suivantes (mais elles peuvent varier en fonction de l'usine de fabrication) :
– largeur standard : 62,5 à 75 cm
– largeur minimale : 30 cm
– portée : se référer au tableau ci-dessous
– masse volumique M_{vn} : 400 et 450 kg/m^3.

Charges (kg/m^2)		Épaisseur (cm)						
		15	17,5	20	22,5	25	27,5	30
Permanentes	Variables	Longueurs admissibles (cm)						
10	90	535	600	600	600	600	600	600
40	90	495	580	600	600	600	600	600
70	90	465	550	600	600	600	600	600
110	90	435	510	575	600	600	600	600
160	90	400	475	500	555	570	600	600

Note

Certains fabricants développent constamment de nouveaux produits dans le but de faciliter la pose (apparition notamment des cloisons à hauteur d'étage courant 2003).

3. Produits complémentaires

3.1. Mortiers ou mortiers colles

Pour les premiers rangs, il est nécessaire d'utiliser un mortier isolant. Ce mortier est disponible en sacs de 40 kg auprès des fabricants de blocs de béton cellulaire.

On utilise alors un mortier colle destiné au collage des blocs ou carreaux posés à joints minces, conformément au DTU 20.1. Avant utilisation, il est gâché avec 30 % d'eau environ, au moyen d'un malaxeur à vitesse lente afin d'éviter les bulles d'air. Il est alors appliqué à l'aide d'une truelle à peigne de largeur adaptée aux blocs. Ce mortier est livré en sacs de 11 à 25 kg.

Enfin, on peut utiliser un mortier de rebouchage pour les épaufrures, disponible en sacs de 12,5 kg.

3.2. Enduits

3.2.1. Enduits extérieurs (DTU 26.1)

Traditionnels, ils sont obligatoirement réalisés en trois couches, avec un délai de séchage supérieur à trois jours entre chaque application :
- 1re couche : gobetis.
  Dosage : 400 kg de ciment CPJ 400 par m^3 de sable sec 0,25/3,15.
- 2e couche : corps d'enduit.
  Dosage : 50 kg de ciment + 250 à 300 kg de chaux CAEB (chaux aérienne éteinte pour le bâtiment) par m^3 de sable sec 0,1/3,15.
- 3e couche : couche de finition.
  Dosage : 50 kg de ciment + 200 à 250 kg de chaux CAEB par m^3 de sable sec 0,1/2.

Non traditionnels, ce sont des enduits monocouches supports B compatibles avec le béton cellulaire et bénéficiant d'un avis technique agréé par le CSTB. À titre d'information, voici une liste valide au 31-12-2002.

N° de certificat	Produits	Support	Fabricant
02-33-02	ENDUNI	B	Satma – VPI
27-74-10	MAUER MONOCOUCHE GF	B	Mauer
138-95-82	MR 201 (D – Wulfrath)	B	Wulfrat Zement
152-09-87	MONOPRAL KS	B	Weber & Broutin
48-46-28	DUREXAL	B	Lafarge Mortier
59-42-33	MONOREST	B	Lafarge Mortier
64-36-38	JETECO	B	Satma – VPI
74-64-42	IP 18 E	B	Heidelberg Zement
77-41-44	VEGA (47 Brax)	B	Lafarge Mortier
	MONOCROME F	B	CESA
	MONOCROMEX RG	B	CESA
102-05-59	MONOPIERRE SX	B	Lafarge Mortier
	MONOPIERRE ZX	B	Lafarge Mortier
	PRB ALG	B	PRB

3.2.2. Revêtements intérieurs

Traditionnels, au plâtre machine ou manuel, conformément aux règles de l'art :
- revêtement sec ;
- plaque de plâtre collée ;
- revêtement bois ;
- toile de verre collée + peinture de finition ;
- revêtement faïence ;
- enduit pelliculaire à base de plâtre (2 couches) ;
- enduit peinture en application mécano-pneumatique (une passe structurelle + une passe lissée).

3.3. Outillage

3.3.1. Outillage traditionnel

- Pelle à colle pour blocs et carreaux de 5 à 30 cm
- Talloche à poncer – dimensions 500 × 250 mm
- Maillet caoutchouc Ø 90 mm
- Chemin de fer 10 lames
- Équerre de traçage tridimensionnelle
- Scie carbure 750 mm

3.3.2. Outillage spécialisé

- Scie à ruban électrique pour blocs
- Pince pour manutention dalles plancher et toiture
- Sangles de levage (la paire)
- Clous tronco-pyramidaux en acier galvanisé
  - longueur 50 mm ; par boîte de 500
  - longueur 100 mm ; par boîte de 200
  - longueur 150 mm ; par boîte de 200
  - longueur 180 mm ; par boîte de 200
- Chevilles mécaniques ou chimiques
  Adaptées au béton cellulaire et utilisées suivant les recommandations du fabricant.

Fig. 8.1 • *Pour la pose des blocs en béton cellulaire*

Clous acier galvanisé tronco-pyramidaux				
Longueur mini (mm)	Ancrage adm. (kg)	Traction adm. (kg)	Cisaillement du supp.	Épaisseur mini (mm)
50	35	1	5	70
100	65	5	25	150
150	85	15	60	200
180	100	20	70	200
Clous torsadés inox Z4				
70	40	10	10	–

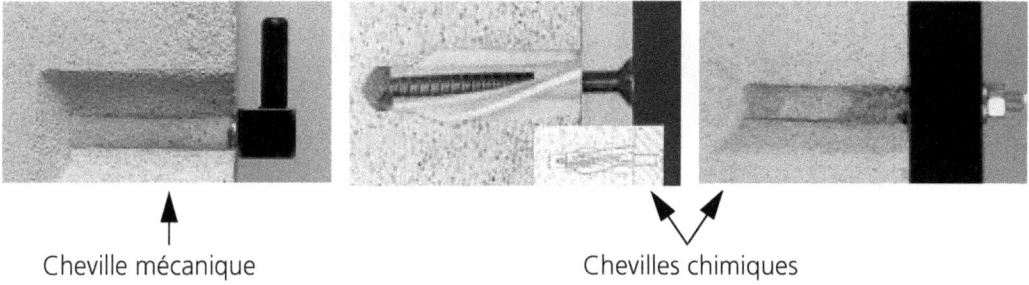

Cheville mécanique   Chevilles chimiques

Marque	Type	Traction admissible (kg)	Épaisseur mini du support (mm)
FISCHER	GB 8	20	75
(Chevilles plastiques)	GB 10	30	80
	GB 14	50	100
FISCHER (Chevilles chimiques)	RM 8	100	150
SPIT (Chevilles autoforeuses)	JETFIX	15	70
HEMA	5 x 50 mm	20	70
(Chevilles clous à déviation)	8 x 95 mm	50	150
KUNKEL	PBD M6	40	100
(Chevilles métalliques)	PBD M8	40	150
	PBD M10	60	150
RAYFIX	LG 30	15	70
(Chevilles métalliques)	LG 45	25	70
INGLESE (Chevilles plastiques) Montage au travers	16 x 200 mm	100	200

Les produits en béton cellulaire permettent donc la construction d'une maison dans sa totalité.

'

Chapitre 9

DISPOSITIONS CONSTRUCTIVES

Dans cette partie de l'ouvrage, nous nous sommes limité à une présentation succincte des détails de mise en œuvre.

1. Démarrage de la construction

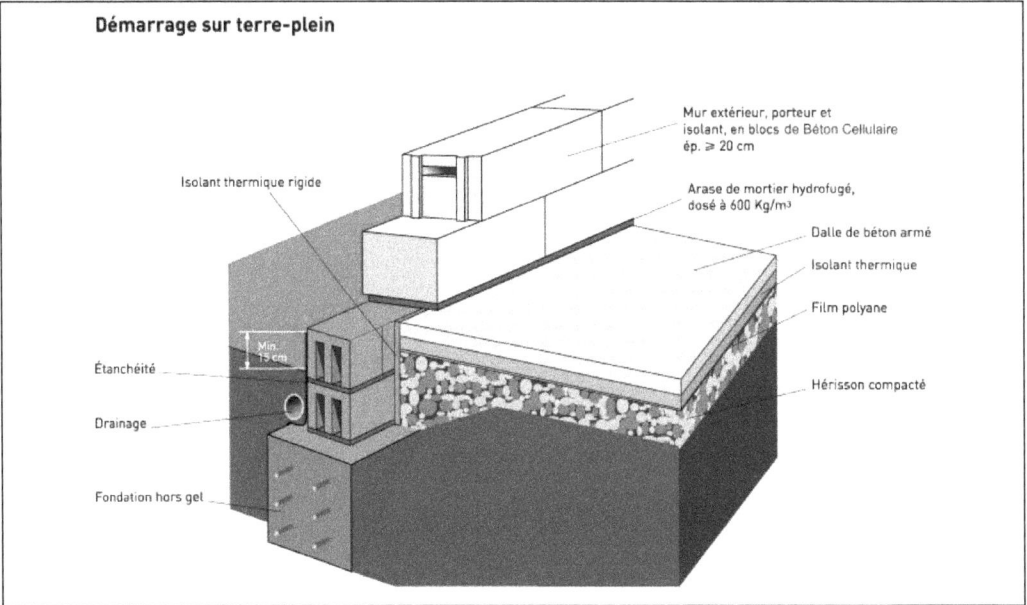

Démarrage sur terre-plein

- Isolant thermique rigide
- Mur extérieur, porteur et isolant, en blocs de Béton Cellulaire ép. ≥ 20 cm
- Arase de mortier hydrofugé, dosé à 600 Kg/m³
- Dalle de béton armé
- Isolant thermique
- Film polyane
- Étanchéité
- Drainage
- Hérisson compacté
- Fondation hors gel
- Min. 15 cm

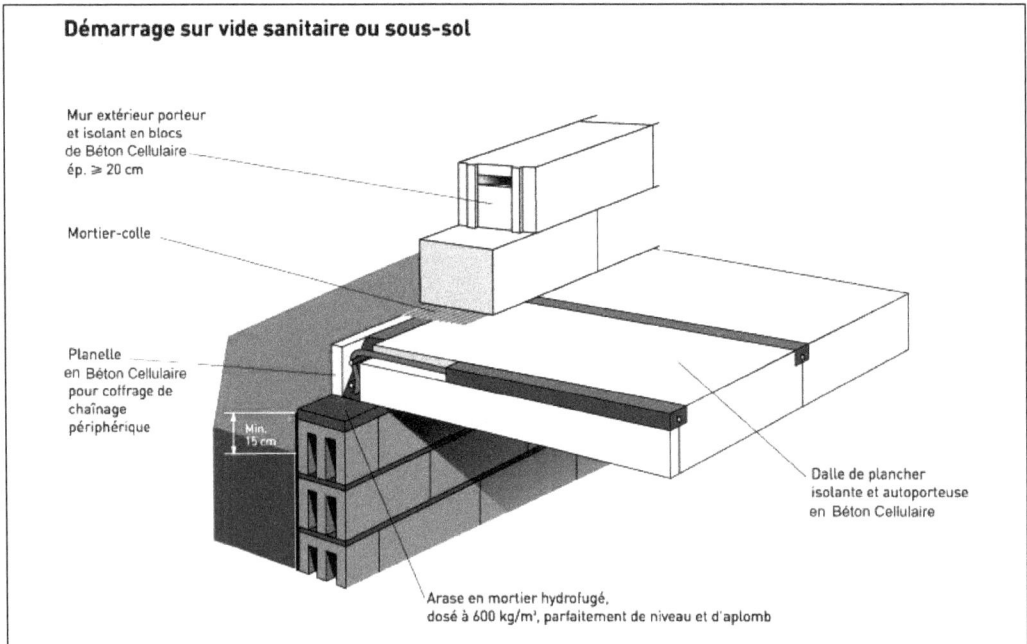

Démarrage sur vide sanitaire ou sous-sol

- Mur extérieur porteur et isolant en blocs de Béton Cellulaire ép. ≥ 20 cm
- Mortier-colle
- Planelle en Béton Cellulaire pour coffrage de chaînage périphérique
- Min. 15 cm
- Dalle de plancher isolante et autoporteuse en Béton Cellulaire
- Arase en mortier hydrofugé, dosé à 600 kg/m³, parfaitement de niveau et d'aplomb

2. Détails constructifs divers

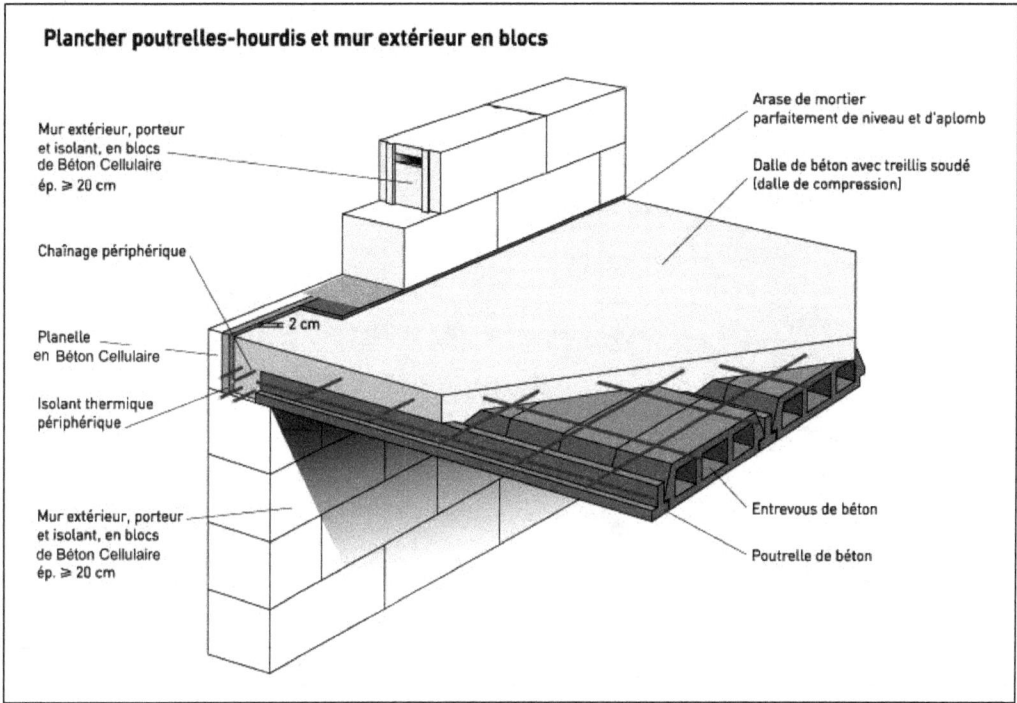

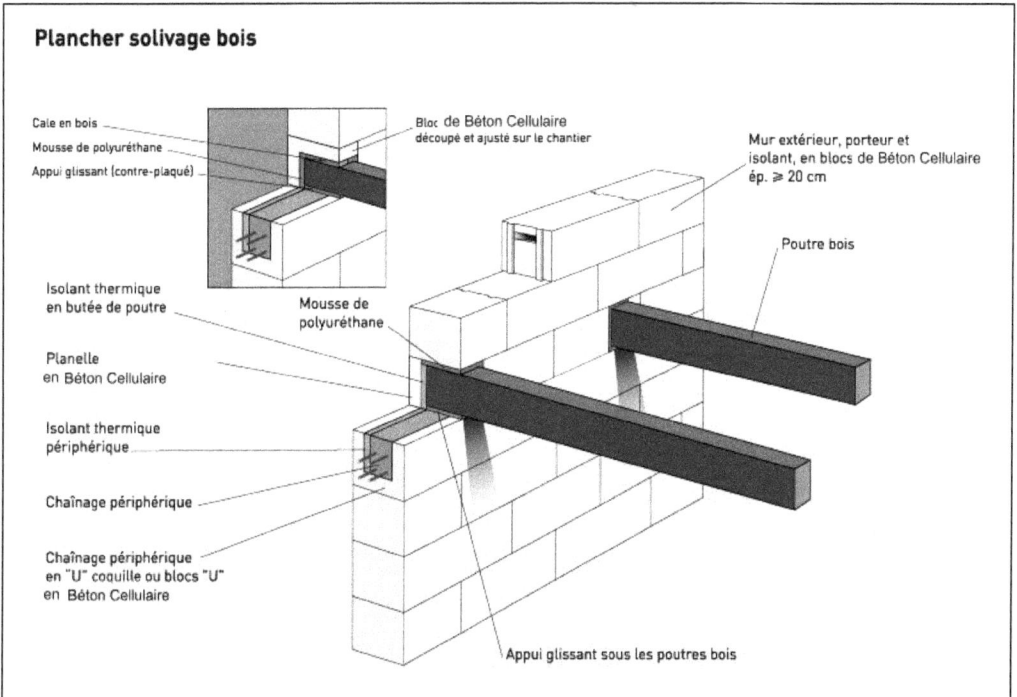

Plancher poutrelles-hourdis et mur extérieur en blocs

Mur extérieur, porteur
et isolant, en blocs
de Béton Cellulaire
ép. ≥ 20 cm

Chaînage périphérique

Planelle
en Béton Cellulaire

Isolant thermique
périphérique

Mur extérieur, porteur
et isolant, en blocs
de Béton Cellulaire
ép. ≥ 20 cm

Arase de mortier
parfaitement de niveau et d'aplomb

Dalle de béton avec treillis soudé
(dalle de compression)

2 cm

Entrevous de béton

Poutrelle de béton

Plancher solivage bois

Cale en bois

Mousse de polyuréthane

Appui glissant (contre-plaqué)

Bloc de Béton Cellulaire
découpé et ajusté sur le chantier

Mur extérieur, porteur et
isolant, en blocs de Béton Cellulaire
ép. ≥ 20 cm

Poutre bois

Isolant thermique
en butée de poutre

Mousse de
polyuréthane

Planelle
en Béton Cellulaire

Isolant thermique
périphérique

Chaînage périphérique

Chaînage périphérique
en "U" coquille ou blocs "U"
en Béton Cellulaire

Appui glissant sous les poutres bois

155

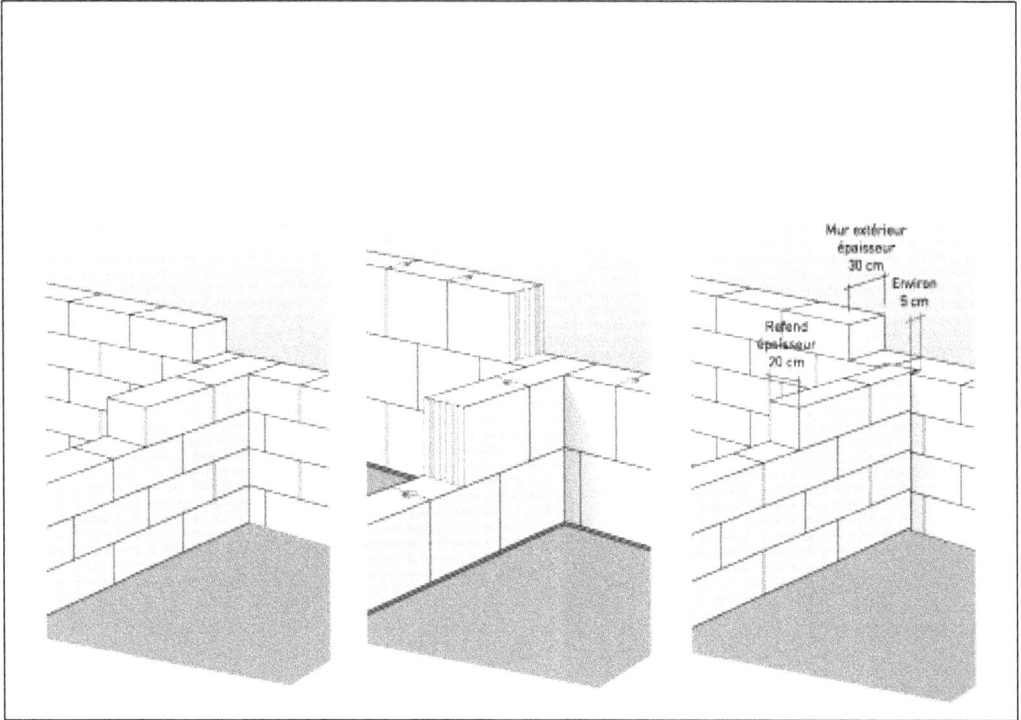

Mur extérieur épaisseur 30 cm
Environ 5 cm
Refend épaisseur 20 cm

Jonction entre mur extérieur et refend en blocs - B

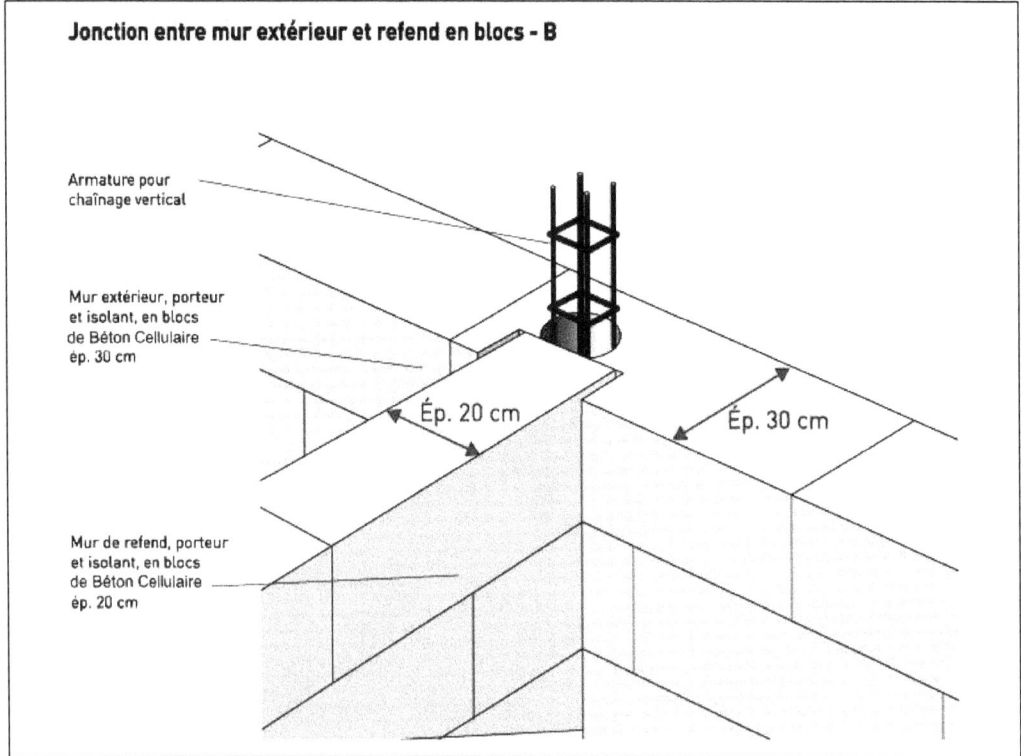

Armature pour chaînage vertical

Mur extérieur, porteur et isolant, en blocs de Béton Cellulaire ép. 30 cm

Ép. 20 cm

Ép. 30 cm

Mur de refend, porteur et isolant, en blocs de Béton Cellulaire ép. 20 cm

Fixation pour console bois

Mur extérieur, porteur et isolant, en blocs de Béton Cellulaire
ép. ⩾ 20 cm

Chaînage périphérique

Mortier-colle

Dalle de plancher isolante et autoporteuse

Isolant périphérique

Console bois

Mur extérieur en blocs de Béton Cellulaire
ép. ⩾ 20 cm

Armature de joint
(fer tor ø 10 mm)
entre les dalles et microbéton

Tige filetée*

Enduit intérieur

Platine*

Écrou*

* Traitement anti-corrosion requis

Scellement d'une menuiserie en applique

Découpe en queue d'aronde réalisée à la scie sauteuse

Patte de scellement
+ plâtre fort

Mur extérieur, porteur et isolant, en blocs de Béton Cellulaire
ép. ⩾ 20 cm

Enduit extérieur

Joint

Scellement en queue d'aronde

Appui de béton armé

Bloc de Béton Cellulaire découpé sur le chantier

Film polyane
(si appui coulé sur place)

Fer d'allège
(tor ø 8 mm réalisé dans une gorge de 5 x 5 cm)

Menuiserie posée en applique

Planelle en Béton Cellulaire

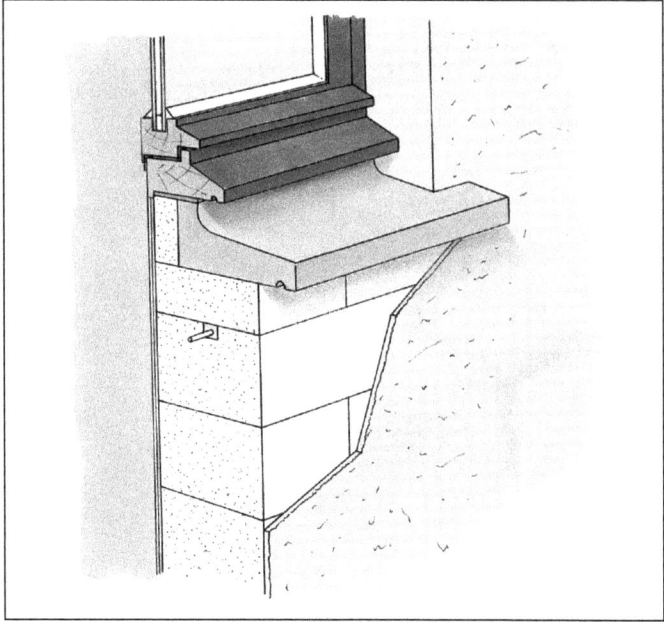

Fixation pour volets battants et coupe sur allège et menuiserie

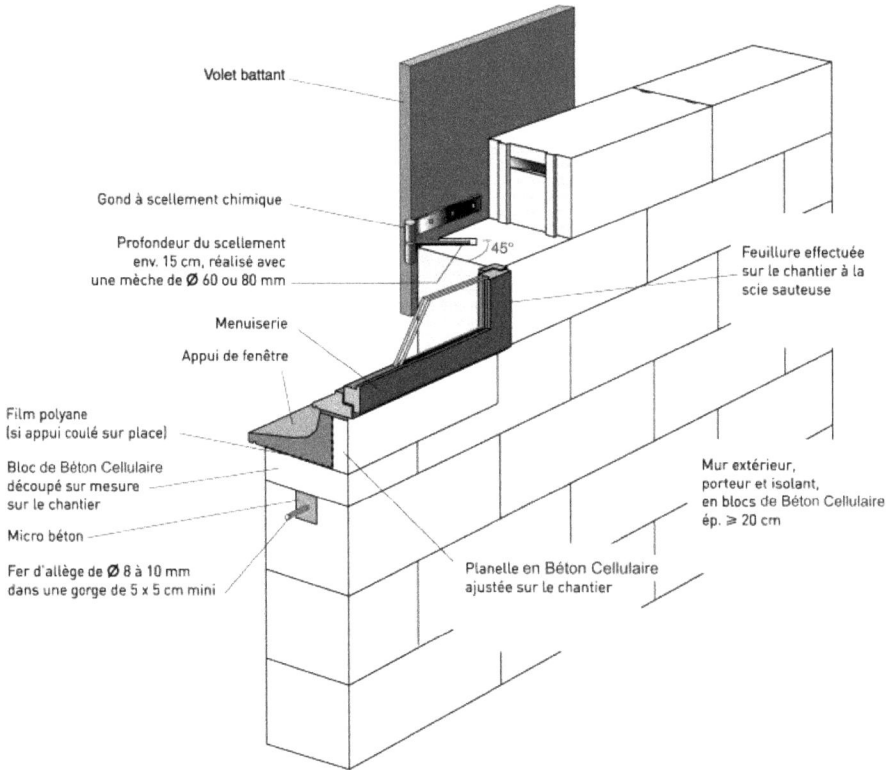

Volet battant

Gond à scellement chimique

Profondeur du scellement
env. 15 cm, réalisé avec
une mèche de Ø 60 ou 80 mm

45°

Feuillure effectuée
sur le chantier à la
scie sauteuse

Menuiserie

Appui de fenêtre

Film polyane
(si appui coulé sur place)

Bloc de Béton Cellulaire
découpé sur mesure
sur le chantier

Micro béton

Fer d'allège de Ø 8 à 10 mm
dans une gorge de 5 x 5 cm mini

Planelle en Béton Cellulaire
ajustée sur le chantier

Mur extérieur,
porteur et isolant,
en blocs de Béton Cellulaire
ép. ⩾ 20 cm

Coupe sur volet roulant autoportant

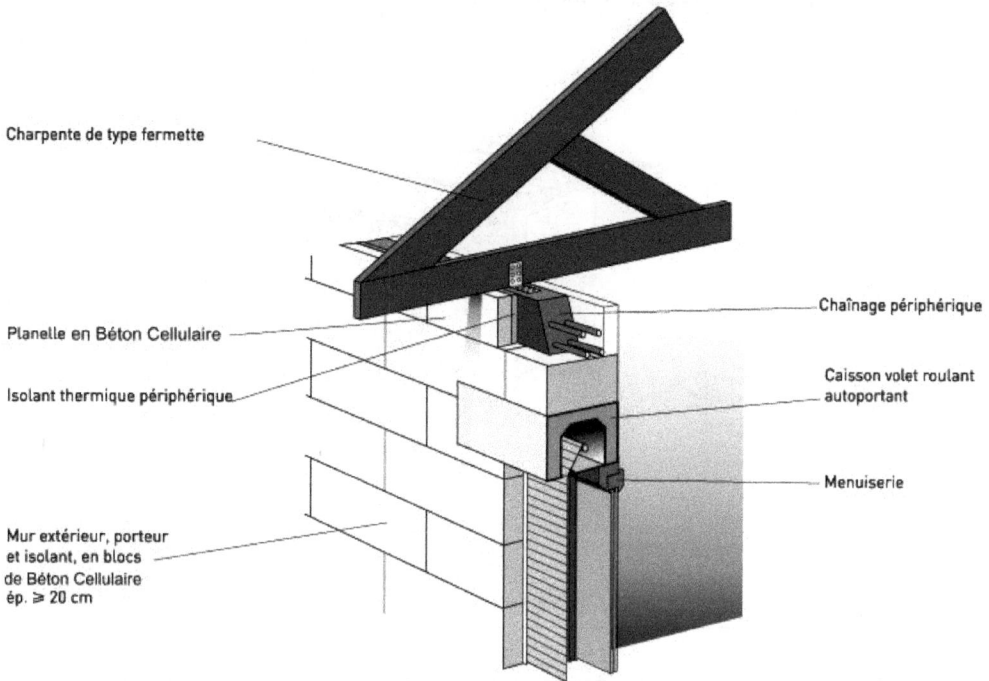

Charpente de type fermette

Planelle en Béton Cellulaire

Isolant thermique périphérique

Mur extérieur, porteur
et isolant, en blocs
de Béton Cellulaire
ép. ⩾ 20 cm

Chaînage périphérique

Caisson volet roulant
autoportant

Menuiserie

Linteau coffrage sous plancher en dalles

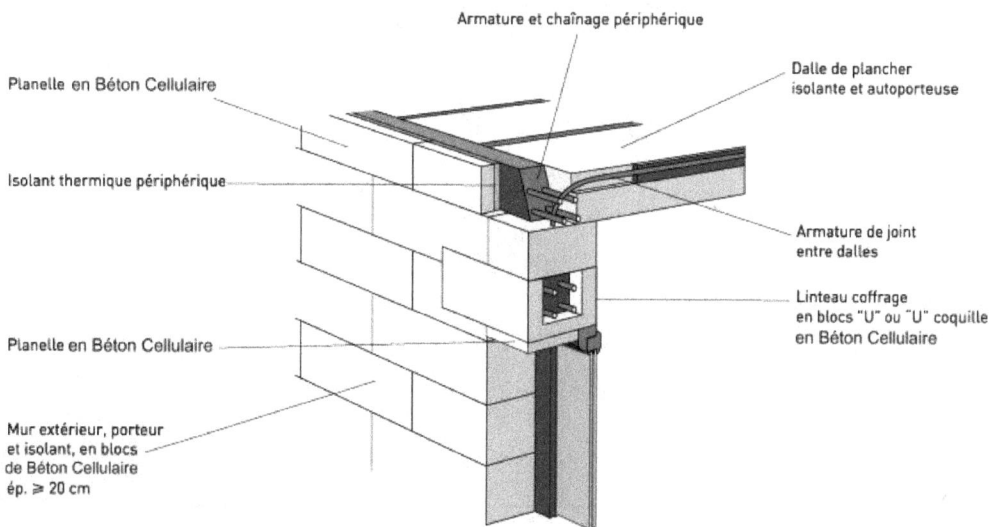

Armature et chaînage périphérique

Planelle en Béton Cellulaire

Isolant thermique périphérique

Planelle en Béton Cellulaire

Mur extérieur, porteur
et isolant, en blocs
de Béton Cellulaire
ép. ⩾ 20 cm

Dalle de plancher
isolante et autoporteuse

Armature de joint
entre dalles

Linteau coffrage
en blocs "U" ou "U" coquille
en Béton Cellulaire

Linteau armé porteur sous plancher en dalles

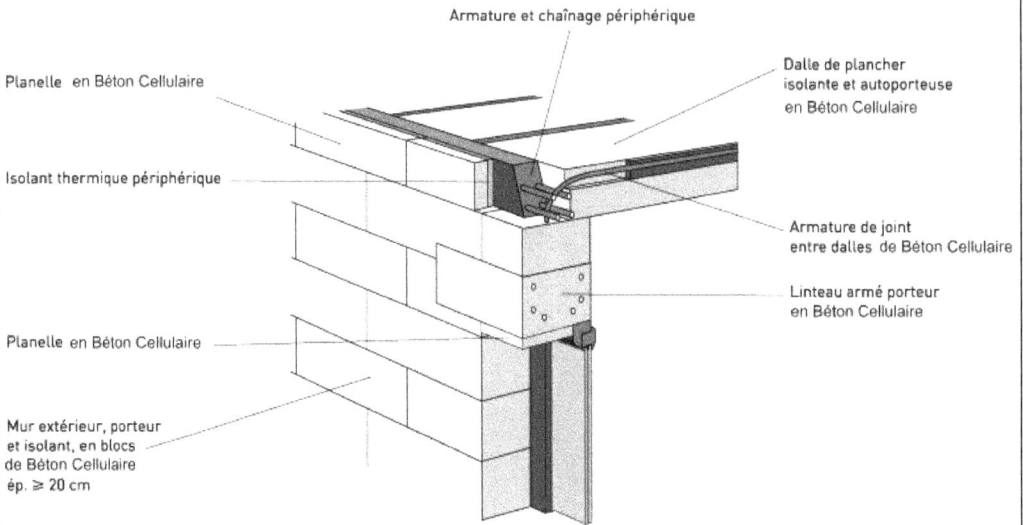

Armature et chaînage périphérique

Dalle de plancher
isolante et autoporteuse
en Béton Cellulaire

Planelle en Béton Cellulaire

Isolant thermique périphérique

Armature de joint
entre dalles de Béton Cellulaire

Linteau armé porteur
en Béton Cellulaire

Planelle en Béton Cellulaire

Mur extérieur, porteur
et isolant, en blocs
de Béton Cellulaire
ép. ≥ 20 cm

Appuis de charpente fermette sur linteau baie

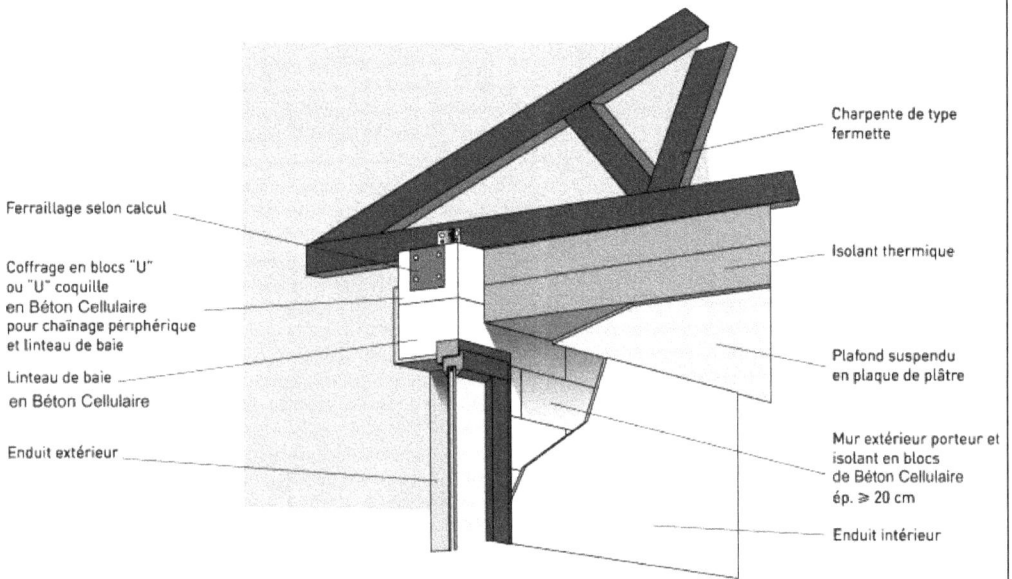

Charpente de type
fermette

Ferraillage selon calcul

Coffrage en blocs "U"
ou "U" coquille
en Béton Cellulaire
pour chaînage périphérique
et linteau de baie

Linteau de baie
en Béton Cellulaire

Enduit extérieur

Isolant thermique

Plafond suspendu
en plaque de plâtre

Mur extérieur porteur et
isolant en blocs
de Béton Cellulaire
ép. ≥ 20 cm

Enduit intérieur

160

Assise des cloisons sur sol béton lisse

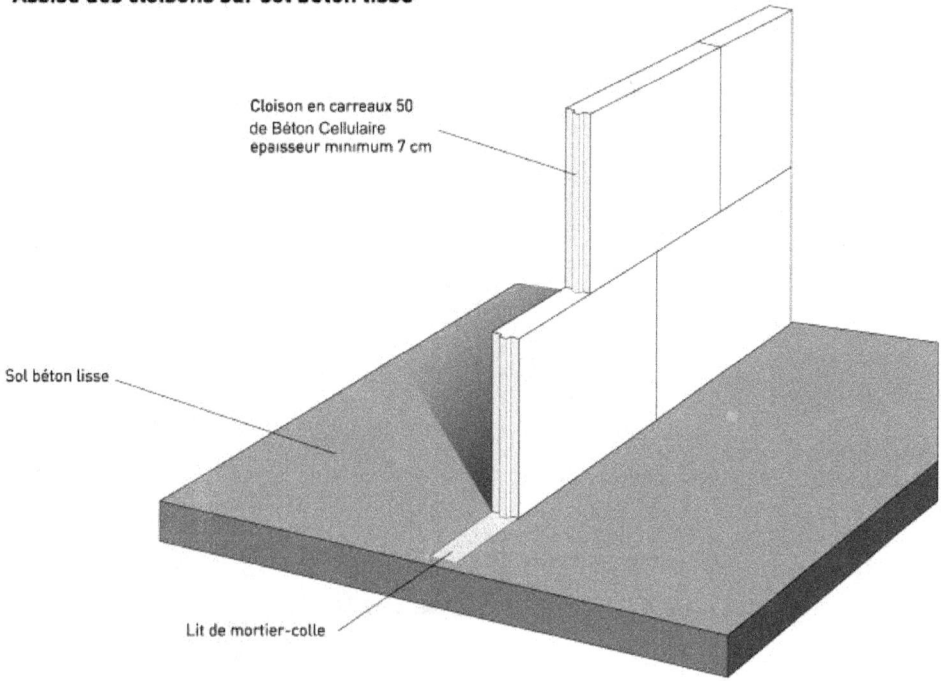

Cloison en carreaux 50
de Béton Cellulaire
epaisseur minimum 7 cm

Sol béton lisse

Lit de mortier-colle

Assise des cloisons sur sol béton irrégulier - A

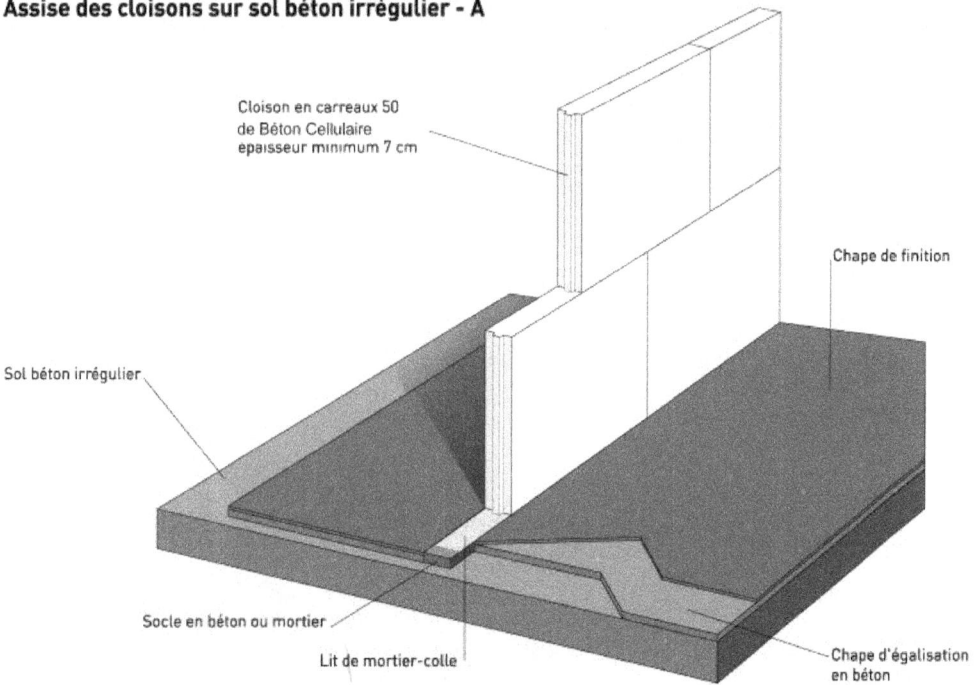

Cloison en carreaux 50
de Béton Cellulaire
epaisseur minimum 7 cm

Chape de finition

Sol béton irrégulier

Socle en béton ou mortier

Lit de mortier-colle

Chape d'égalisation
en béton

161

Assise des cloisons sur sol béton irrégulier - B

Spécial pièces humides

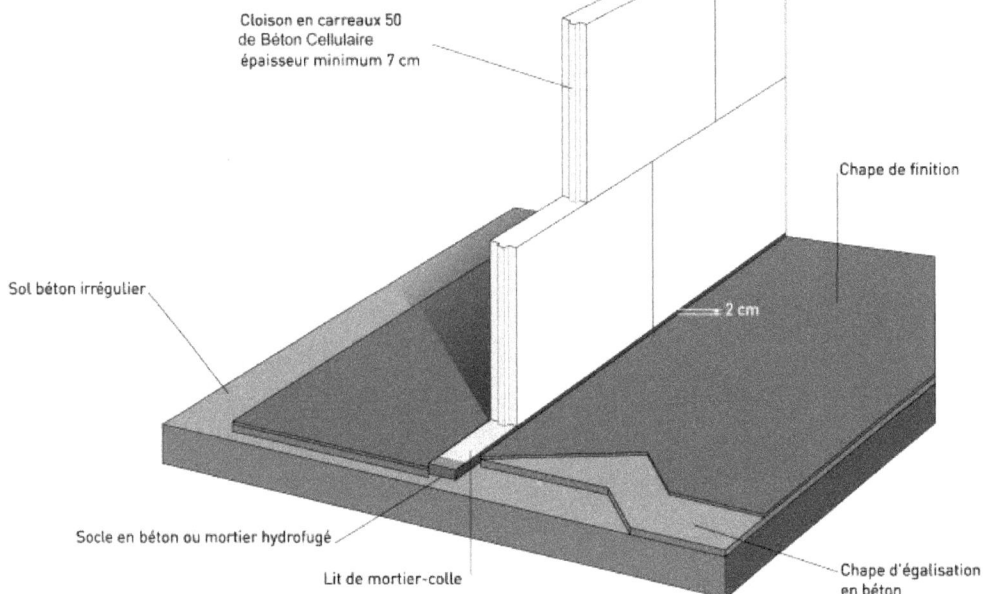

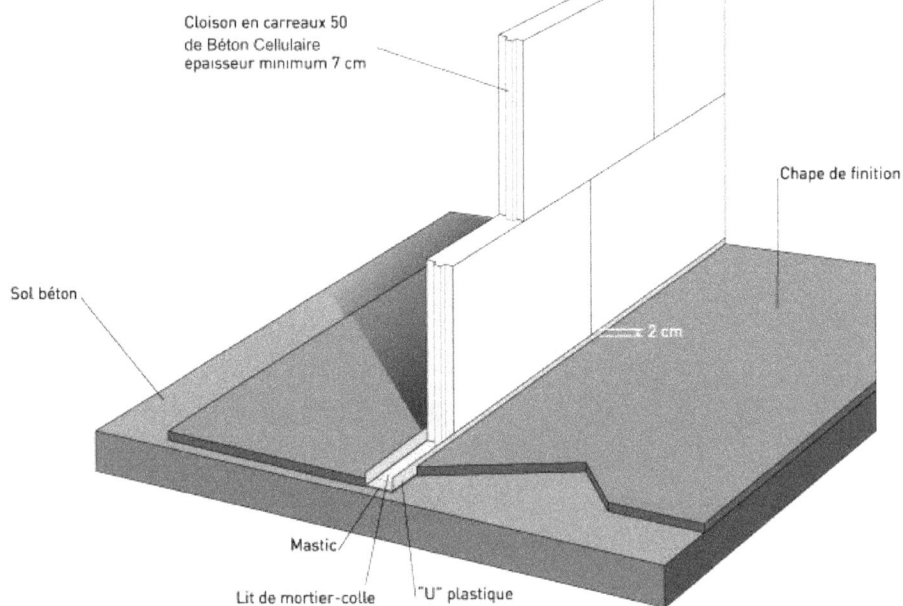

Cloison en carreaux 50
de Béton Cellulaire
épaisseur minimum 7 cm

Chape de finition

Sol béton irrégulier

2 cm

Socle en béton ou mortier hydrofugé

Lit de mortier-colle

Chape d'égalisation
en béton

Assise des cloisons sur sol béton

Spécial pièces humides

Cloison en carreaux 50
de Béton Cellulaire
épaisseur minimum 7 cm

Chape de finition

Sol béton

2 cm

Mastic

Lit de mortier-colle

"U" plastique

162

Assise des cloisons sur plancher bois

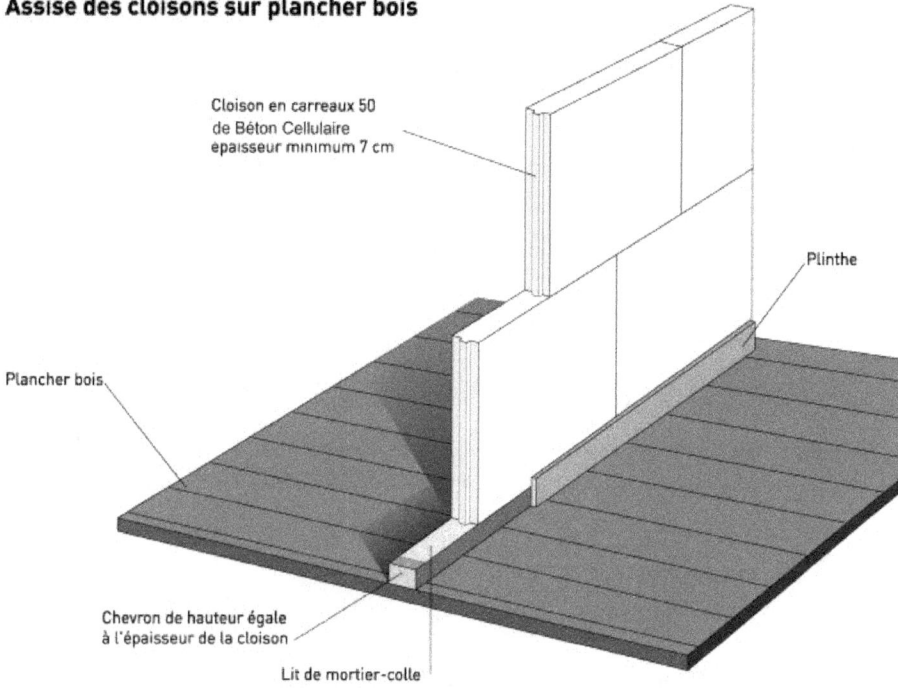

Cloison en carreaux 50
de Béton Cellulaire
épaisseur minimum 7 cm

Plinthe

Plancher bois

Chevron de hauteur égale
à l'épaisseur de la cloison

Lit de mortier-colle

Liaison sous plafond des cloisons

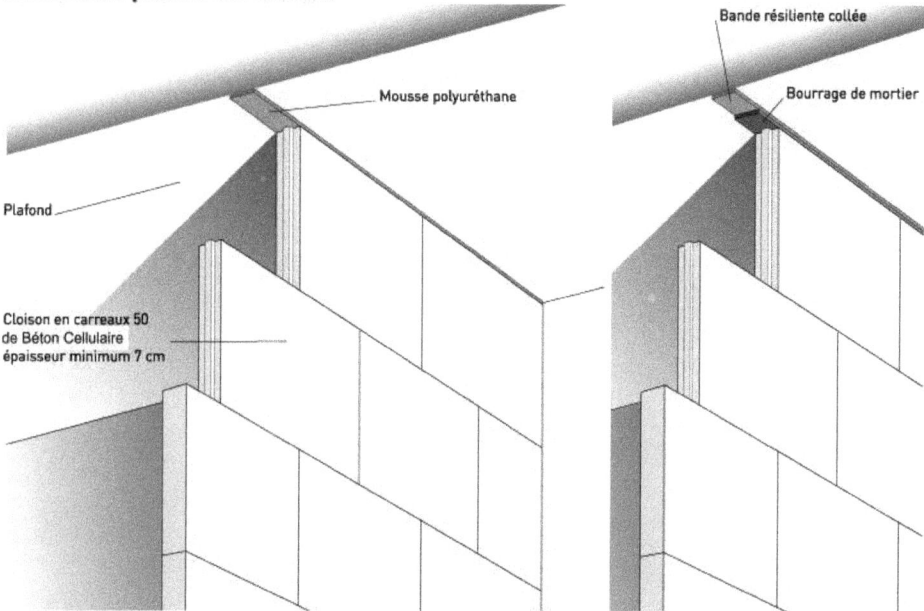

Bande résiliente collée

Mousse polyuréthane

Bourrage de mortier

Plafond

Cloison en carreaux 50
de Béton Cellulaire
épaisseur minimum 7 cm

CHAPITRE 10

EXEMPLES
DE CONSTRUCTIONS

L'objectif de ce chapitre est d'aborder, au travers de quelques exemples, la construction de bâtiments en béton cellulaire. Le choix des matériaux à utiliser ainsi que les dispositions constructives à considérer ont été établis selon les exigences réglementaires concernant les aspects mécaniques, thermiques, acoustiques et sismiques.

En aucun cas ces conseils ou ces dispositions ne se substituent à l'étude d'un architecte ou d'un bureau d'études (on prend ici pour hypothèse que les fondations ont une assise stable et résistante). Les exemples ci-après sont destinés à faire prendre en compte au lecteur les spécificités relatives à l'utilisation du béton cellulaire dans la construction, mais également à illustrer de la manière la plus claire possible les différents aspects théoriques ou techniques développés dans les chapitres précédents.

Les quatre exemples choisis correspondent à des constructions de base ; il est clair qu'ils ne suffisent pas à illustrer la diversité des utilisations du béton cellulaire.

Dans les passages suivants, les calculs ont été réalisés en s'appuyant sur l'Eurocode 6 (PrEN 1996-1-1 avril 2004 et PrEN 1996-3 novembre 2003), d'une part, et sur le DTU 20.1, d'autre part.

Les éléments nécessaires aux calculs réalisés, sont regroupés dans le chapitre 11.

1. Maison individuelle

1.1. Plans de la maison

De façon schématique, la maison peut être représentée de la façon suivante :

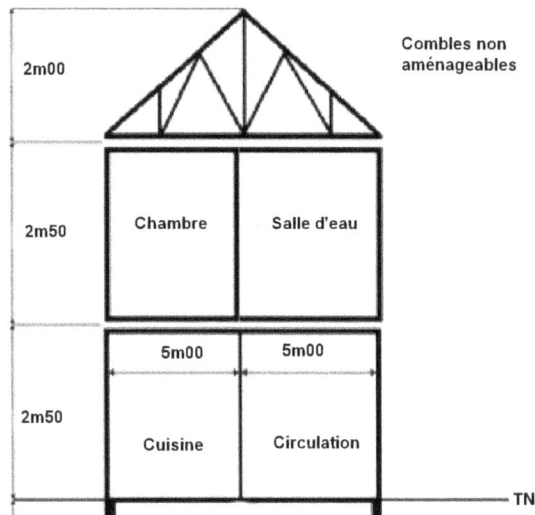

Fig. 10.1 • *Maison individuelle de type R+1, en forme de carré, comportant des combles non aménageables (charpente traditionnelle en bois de style fermette).*
Les planchers sont composés de dalles de béton de 20 cm d'épaisseur (poids propre 2 500 kg/m^3). Les hauteurs d'étages sont de 2,50 m.

On part sur la base d'une maçonnerie en béton cellulaire de 25 cm d'épaisseur (associée à un crépi extérieur et un enduit mince intérieur) en densité 400 kg/m^3. Il s'agit de vérifier que le soubassement peut être réalisé avec les mêmes blocs.

Note

Par simplification, on suppose les murs plans entièrement remplis.

1.2.   *Aspect mécanique*

À l'ELU (État limite ultime) on doit vérifier que :

$$Nsd < Nrd$$

Nsd : charge verticale exercée sur le mur

Nrd : résistance de calcul aux charges verticales du mur

Avec :

$$Nrd = \varphi \times fk.A/\gamma m$$

$\gamma m = 1,7$

A : section de la maçonnerie (ouvertures déduites)

φ : facteur de réduction fonction de l'élancement

$\varphi = 1,3 - l_{ef}/8$ ou $\varphi = 0,5$ pour un plancher haut ou toiture. La valeur la plus faible étant retenue.

Tab. 10.1 • *Résistance des blocs*

PV EM 1996-1-1 et 1996-3	**DTU 20-1**
On prend des blocs standard de densité 400 kg/m^3, soit $R_c = 3$ N/mm^2. Dans ce cas, on a : $f_b = Rm \times \delta = Rm\_essai \times Rh = cv \times Rc \times Rh$ avec, Rc = 3 N/mm^2 cv = 1,18 $R_h = 0,8$ $f_b = 3 \times 0,8 \times 1,18 = 2,832$ N/mm^2 d'où $f_k = 0,8 \times f_b^{0,85} = 0,8 \times 2,832^{0,85}$ $f_k = 1,938$ N/mm^2	On prend le cas de charges excentrées (plancher en appui sur le milieu du mur. L'élancement est inférieur à 15 donc : $C = R/N = 3/6,5\ 5 = 0,462$ N/mm^2

Tab. 10.2 • *Hauteur effective*

hef = $\rho2 \times h$ = h pour un mur de façade excentré en se plaçant dans le cas le plus défavorable (mur bloqué en haut et en bas par plancher et toiture)

Tab. 10.3 • *Élancement*

L'élancement est égal à :	L'élancement est égal à :
e = hef/tef = 2,5/0,25 = 10,0	e = hauteur/épaisseur = 2,50/0,25 = 10,0
e est inférieur à 27 donc l'élancement est correct	e est inférieur à 20 donc l'élancement est correct.

167

Tab. 10.4 • *Évaluation des efforts sollicitants*

Valeur de calcul de la maçonnerie :	Charge admissible :
$f_d = f_k/\gamma m = f_k/1,7 = 1,938/1,7 = 1,14$ N/mm^2	$C = 0,462 \times 250 \times 1\,000 = 116$ KN/ml
$\varphi = 1,3 - \text{lef}/8 \leq 0,9$ pour un mur servant de support à un plancher, ou $\varphi = 0,5$ pour un mur supportant un plancher haut ou une toiture. La valeur la plus faible étant retenue.	$= 11,6$ t/ml
Avec la portée du plancher lef $= 0,7$ lf pour un plancher continu	
On prend lf $= 10$ m dans notre exemple.	
On obtient alors : $\varphi = 0,43$	
Nrd $= \varphi \times A \times \text{fd} = 0,43 \times 250\,000 \times 1,14 = 122,6$ N/mm	
$= 122$ kN/m $= 12,2$ t/ml	

On notera que les valeurs obtenues avec l'Eurocode 6 (EC6) et le DTU 20.1 sont voisines.

Tab. 10.5 • *Descente de charges*

	Charge d'exploitation [kg]	Charges permanentes [kg]		Charge totale [t]
		Planchers	Murs	
Combles	$10,3 \times 10,3 \times 150$ [kg/m^2] $= 15\,913$	–	Pignons : $10,3 \times 2 \times 0,25 \times 400$ [kg/m^3] $= 2\,060$	17,97
R+1	$10,3 \times 10,3 \times 350$ [kg/m^2] $= 37\,132$	$10,3 \times 10,3 \times 0,20 \times 2\,500$ [kg/m^3] $= 53\,045$	Façades : $10,3 \times 2,50 \times 0,25 \times 400 \times 4$ [kg/m^3] $= 2\,375 \times 4$ $= 10\,300$	100,48
RdC	$10,3 \times 10,3 \times 350$ [kg/m^2] $= 37\,132$	$10,3 \times 10,3 \times 0,20 \times 2\,500$ [kg/m^3] $= 53\,045$	$10,3 \times 2,50 \times 0,25 \times 400 \times 4$ [kg/m^3] $= 2\,375 \times 4$ $= 10\,300$	100,48
Total				218,9

Ce qui fait **220** tonnes, réparties sur **4** murs, soit **55 tonnes par mur**. En ramenant ce résultat au mètre linéaire, on a environ **5,34 t/ml** sur les murs de soubassement.

Note

Pour déterminer Nsd pour les murs de façades, il y a lieu de prendre en compte d'autres éléments tels que les ouvertures qui entraînent localement des charges plus élevées sur les trumeaux.

On a donc :

$$\text{Nsd} = 5,34 \text{ t/ml} < \text{Nrd} = 12,2 \text{ t/ml selon EC6}$$

On en conclut que les blocs de 30 cm d'épaisseur et de densité 400 kg/m^3 conviennent pour la construction des soubassements de la maison.

1.3. Aspect thermique

L'exigence en matière de paroi extérieure est exprimée par le garde-fou sur la valeur de U (Ugf) :

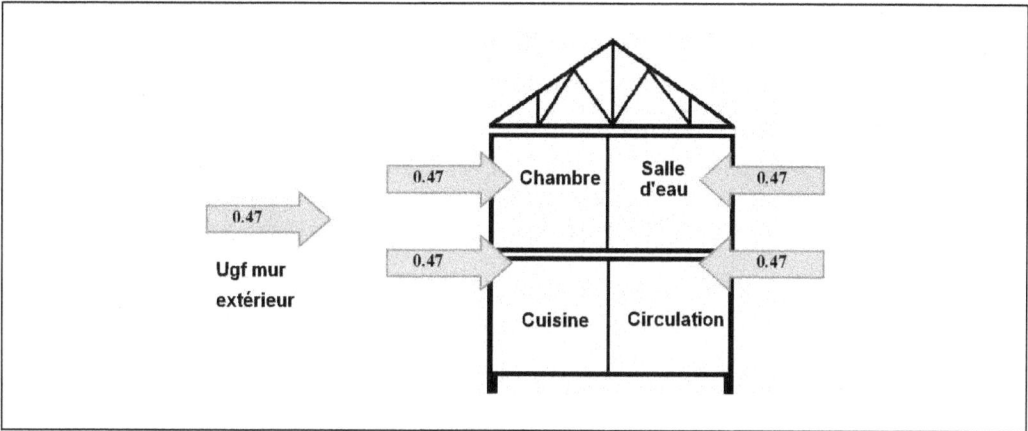

La valeur de U pour un mur en béton cellulaire de 25 cm est de 0,46 W/m^2.K. Elle est donc inférieure à la valeur du garde-fou.

1.4. Aspect acoustique

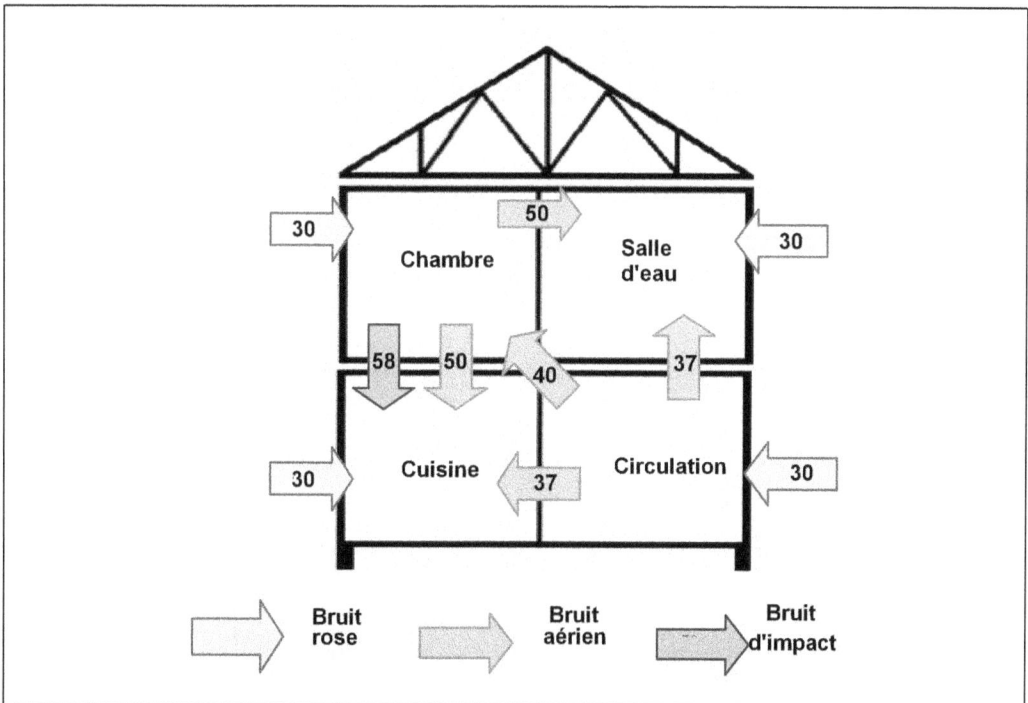

Fig. 10.2 • *Les principales valeurs d'isolation acoustique à respecter*

S'agissant d'une maison individuelle, la seule contrainte à respecter concerne le bruit extérieur. Dans la majorité des cas, la valeur d'isolement à respecter est de $D_{nT,A} = 30$ dB.

En se reportant au tableau des valeurs d'affaiblissement acoustique (chapitre 4, p. 52) on constate qu'un mur en 25 cm de béton cellulaire présente les indices d'affaiblissement acoustique suivant :

$$R_W = 44 \text{ dB}$$

permettant de répondre à cette exigence.

2. Petit logement collectif

2.1. Plan général

Bâtiment d'habitation collectif de type R+2, en forme de carré, comportant des combles non aménageables (charpente traditionnelle en bois de style fermette). Les planchers sont composés de dalles en béton armé de 22 cm d'épaisseur. Les hauteurs d'étages sont de 2,50 m.

On part sur la base d'une maçonnerie en béton cellulaire de 30 cm d'épaisseur (associée à un crépi extérieur et un enduit mince intérieur) en densité 400 kg/m³. Cet exemple s'apparente à la maison individuelle avec 1 étage supplémentaire et un mur extérieur plus épais.

Note

On suppose comme précédemment que les murs plans entièrement remplis. La largeur du bâtiment est de 11.

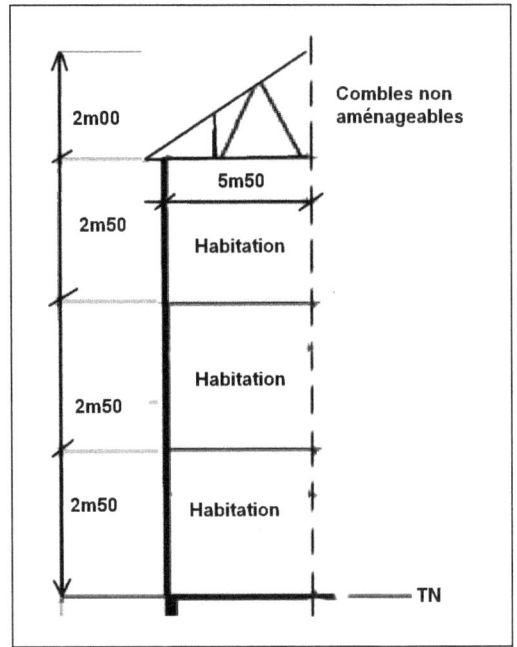

Combles non aménageables

2m00

5m50

2m50   Habitation

Habitation

2m50

2m50   Habitation

TN

2.2. Aspect mécanique

On détermine de la même façon que pour la maison individuelle la valeur de Nrd : en prenant en compte les modifications suivantes :

$$\varphi = 0,34 \text{ avec un plancher de portée libre de 11 m}$$

$$N_{rd} = \varphi \times A \times f_d = 0,34 \times 300\,000 \times 1,14 = 116,3 \text{ N/mm}$$

Nrd = 11,5 t/ml la valeur obtenue est inférieure à celle obtenue pour la maison individuelle : l'augmentation d'épaisseur du mur ne compense pas suffisamment l'augmentation de portée libre des planchers.

Tab. 10.6 • *Descente de charges*

	Charge d'exploitation [kg]	Charges permanentes [kg]		Charge totale [t]
		Planchers	Murs	
Combles	$11 \times 11 \times 150\,[\text{kg/m}^2]$ $= 18\,150$	–	$11 \times 0,30 \times 400 * 2\,[\text{kg/m}^3]$ $= 2\,640$	20,79
R+2	$11 \times 11 \times 350\,[\text{kg/m}^2]$ $= 42\,350$	$11 \times 11 \times 0,22 \times 2\,500\,[\text{kg/m}^3]$ $= 66\,550$	$11 \times 2,50 \times 0,30 \times 400\,[\text{kg/m}^3]$ $= 3\,300 \times 4 * = 13\,200$	122
R+1	$11 \times 11 \times 350\,[\text{kg/m}^2]$ $= 42\,350$	$11 \times 11 \times 0,22 \times 2\,500\,[\text{kg/m}^3]$ $= 66\,550$	$11 \times 2,50 \times 0,30 \times 400\,[\text{kg/m}^3]$ $= 3\,300 \times 4 * = 13\,200$	122
RdC	$11 \times 11 \times 350\,[\text{kg/m}^2]$ $= 42\,350$	$11 \times 11 \times 0,22 \times 2\,500\,[\text{kg/m}^3]$ $= 66\,550$	$11 \times 2,50 \times 0,30 \times 400\,[\text{kg/m}^3]$ $= 3\,300 \times 4 * = 13\,200$	122
Total				386,7 ≈ 387

On obtient donc un total de **387** tonnes, réparties sur 4 murs, soit **96,7 tonnes par mur**. En ramenant ce résultat au mètre linéaire, on a environ **8,8 t/ml** sur les murs de soubassements.

Note

Pour déterminer Nsd pour les mur de façades, il y a lieu de prendre en compte d'autres éléments tels que les ouvertures qui entraînent localement des charges plus élevées sur les trumeaux.
On a donc :
Nsd = 8,6 t/ml < Nrd = 11,5 t/ml selon EC6 pour 13,8 t/ml selon le DTU 20.1.

2.3. Aspect thermique

La valeur de U pour un mur en béton cellulaire de 30 cm est de 0,39 W/m^2.K. Elle est donc inférieure à la valeur du garde-fou (0,47 W/m^2.K).

2.4. Aspect acoustique

Un mur en 30 cm de béton cellulaire présente un indice d'affaiblissement acoustique RW = 46 dB, satisfaisant l'exigence relative au bruit extérieur.

Au niveau des planchers, une dalle de béton armé associée à un plancher flottant permet d'assurer une bonne isolation aux bruits d'impacts. Cependant, il est indispensable de respecter, dans tous les cas de figure, les dispositions constructives définies dans le chapitre 4 (p. 52).

3. Bâtiments industriels et de stockage

En dehors des bâtiments de petite taille (quelques centaines de m^2) ou des cloisons intérieures (point développé au paragraphe suivant), les bâtiments industriels en béton cellulaire sont constitués d'une ossature avec un remplissage en dalles de béton cellulaire en mur et toiture des dalles de bardage peuvent être disposées horizontalement ou verticalement.

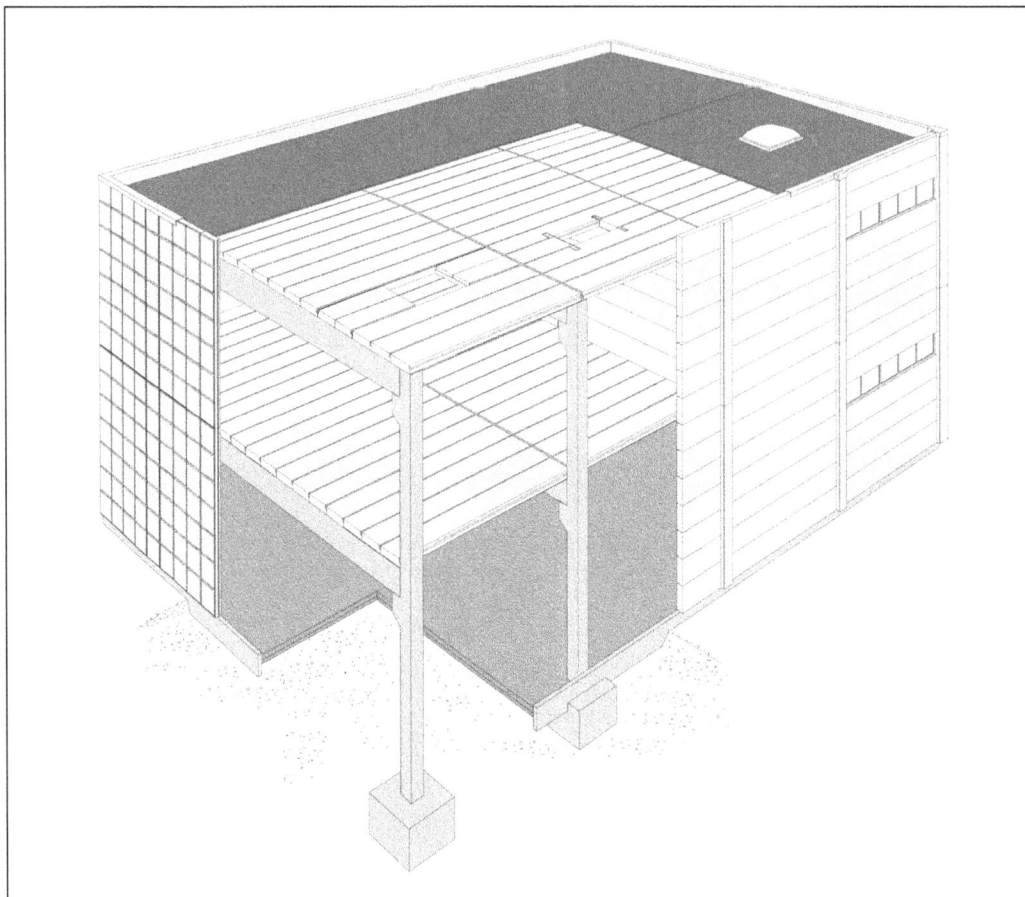

Les dalles de bardage sont armées par des aciers dont le diamètre varie entre 5,5 et 7 mm. Elles sont usinées avec rainures et languettes pour permettre leur emboîtement.

3.1. Choix de la structure

L'ossature peut être réalisée en béton armé, en bois lamellé-collé ou en acier. Le choix est laissé au maître d'œuvre. L'incidence de ce choix concernera le type de fixations à utiliser pour les dalles de béton cellulaire.

3.2. Choix du bardage

Dans les deux cas, la construction se fera par l'assemblage de panneaux sur l'ossature ; ces panneaux reposeront en pied sur une longrine de béton.

3.2.1. Panneaux horizontaux

Ils sont superposables sur de grandes hauteurs (supérieures à 25 m). Quel que soit le type d'ossature, les panneaux peuvent être glissés entre poteaux ou posés en applique devant les poteaux.

En applique :

Dans le cas d'une ossature en béton armé, un rail d'ancrage est prépositionné au moulage dans le poteau du côté de l'applique. Une pièce d'ancrage est fixée sur le panneau à l'aide de clous métalliques. Les pièces d'ancrage passent dans le rail afin d'assurer le maintien des panneaux.

Dans le cas d'une ossature métallique, le principe est le même pour la pièce d'ancrage. Cette pièce passe ensuite derrière l'aile du poteau pour assurer le maintien.

Glissés :

Dans les deux cas (ossature béton ou métallique), les panneaux sont insérés entre les poteaux puis maintenus par des pièces d'ancrage fixées sur les poteaux et les panneaux.

Les panneaux sont superposés. Entre deux panneaux, un joint est appliqué afin d'assurer l'étanchéité au feu. Il existe différents types de joints, utilisés suivant le degré de résistance au feu nécessaire :
- collage au mortier acrylique ;
- mastic silicone dans la feuillure ;
- mousse de polyuréthane expansé ignifugé sur la languette ;
- feutre céramique dans la feuillure et mastic feu acrylique.

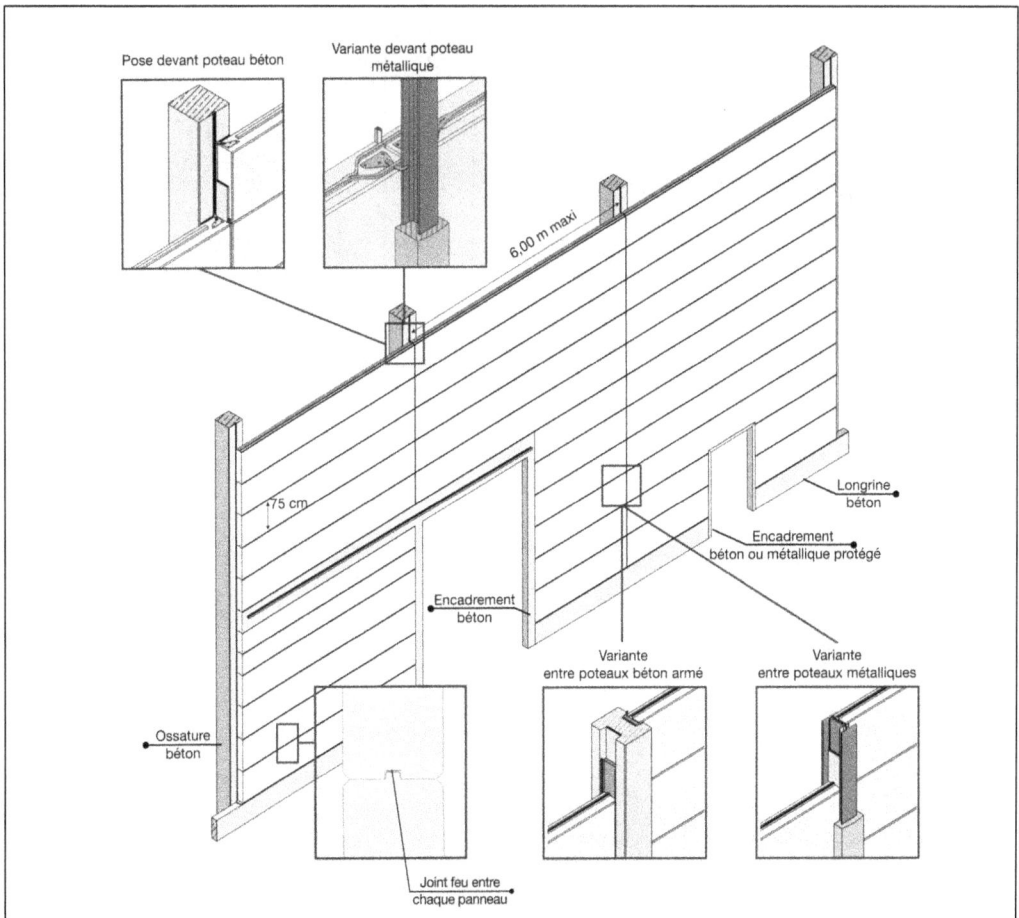

3.2.2. Panneaux verticaux

Ils sont emboîtés les uns dans les autres et glissés entre les poteaux. Tout comme pour une pose horizontale, l'utilisation de joints d'étanchéité au feu est obligatoire :

– mousse polyuréthane ;
– mastic acrylique ;
– mastic feu ;
– feutre céramique et mastic feu.

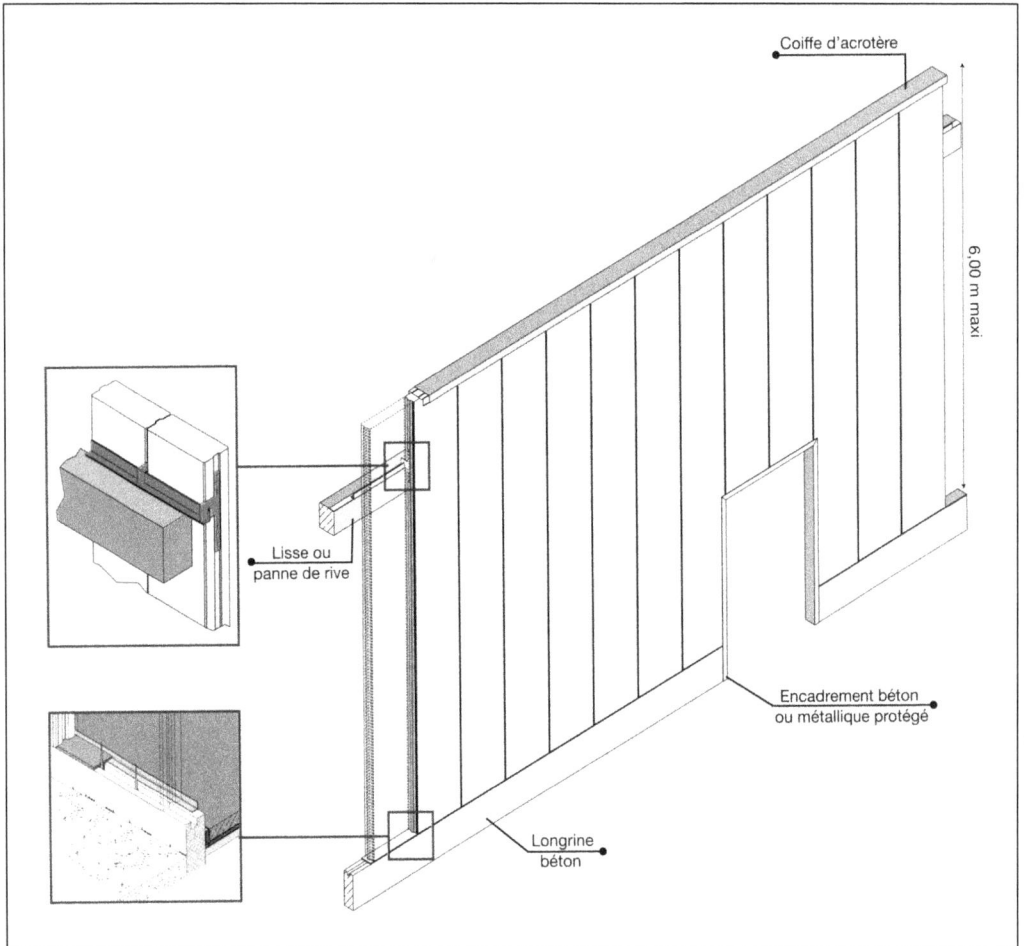

3.3. Aspect mécanique

Les panneaux de façade sont calculés suivant la méthode de calcul des éléments armés définie dans les avis techniques des planchers. Les surcharges au vent sont référencées par les règles NV 65 (révisées en décembre 1999). Les résistances des pièces de fixation sont définies dans les avis techniques des fabricants.

Exemple de résistance au vent d'un mur de 10 m de haut avec des fixations Kremo

- Vent : zone 3
- Pression de base : 75 daN/m^2
- Pression à 10 m : 75 daN/m^2
- Coefficient de site : normal 1
- Coefficient de dimension : hauteur H = 10 m < 30 m donc ρ = 0,87
- Panneaux de 600 × 60 × 15 cm
- Pression sur une dalle : 75 × 0,87 × (0,8 + 0,3) × 1 = 72 daN/m^2
- Dépression sur une dalle : 75 × 0,87 × 0,8 × 1 = 53 daN/m^2
- Résistance nécessaire pour la pièce de fixation Kremo (2 par dalle) :

$$1/2 \times (6 \times 0,6 \times 53) = 95 \text{ daN par pièce donc } 0,95 \text{ kN}$$

Vérification de la résistance d'après cahier des charges Kremo : coefficient de sécurité 3 donc 1,4 kN.

La capacité de résistance de la fixation est supérieure à celle rendue nécessaire par l'utilisation (1,4 > 0,95). La fixation est donc adaptée.

Exemple de résistance au séisme d'un mur de 20 m de haut avec des fixations Kremo

- Panneaux de 600 × 75 × 20 cm
- M_{vn} = 500 kg/m^3
- Règles PS 92/NF P 06-013 décembre 1995
- Bâtiment catégorie C
- Zone sismique : Ib ; coefficient a_n = 2 (donné par le tableau)
- Actions locales : mur en situation exposée
- Direction normale à l'élément : k = 1,8
- Coefficient sismique : $\sigma = k \times a_n/g$ avec g = 9,81 m/s^2
  σ = 1,8 × 2/9,81 = 0,37
- Traction sur la fixation Kremo (2 par dalle) : F = 6 × 0,75 × 0,2 × 500 × 0,37/2 = 83 daN par pièce
- Résistance demandée par les règles : coefficient de sécurité 1,5 donc 1,5 × 83 = 125 daN donc 1,25 kN

Vérification d'après cahier des charges : coefficient de sécurité de 3 donc 2,20 kN.

La capacité de résistance de la fixation est bien supérieure à celle rendue nécessaire par l'utilisation (2,20 > 1,25).

4. Murs coupe-feu en maçonnerie

Les blocs sont destinés à la réalisation de murs porteurs (ou de remplissage) coupe-feu.

Des éléments de chaînages verticaux ou horizontaux participent à la stabilité de l'ouvrage et permettent de réaliser des murs coupe-feu de grande hauteur et de grande longueur.

Les carreaux sont destinés à la réalisation de cloisons de distribution (locaux sensibles au feu) ou d'habillage coupe-feu (gaines techniques : chaufferies, cages d'ascenseurs ou d'escaliers…) et réhabilitation.

Élancement des murs coupe-feu en maçonnerie

HYPOTHESES: Les tableaux et croquis ci-dessous ont pour but de déterminer forfaitairement les raidisseurs à prévoir dans des murs coupe feu intérieurs, en 20 cm d'épaisseur .
Le bâtiment est fermé;le vent est de Zone 2. Les raidisseurs sont considérés tenus en pied et en tête.
Les murs autostables doivent faire l'objet d'une étude B A par BET agréé.

1er Cas: PAROI MONTEE ENTRE OSSATURE :EP 20cm

RAIDISSEUR HORIZONTAUX BLOC THERMOPIERRE EN U
RAIDISSEUR VERTICAUX   BLOC THERMOPIERRE PERCE

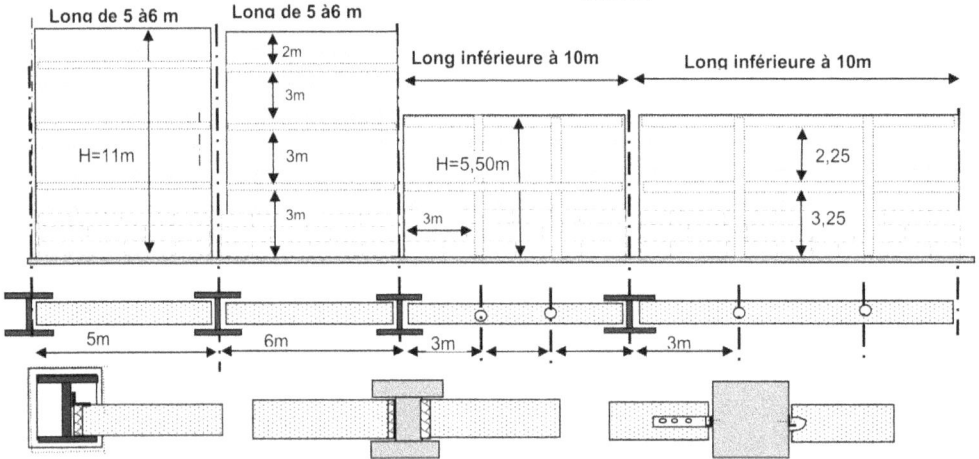

2em Cas :PAROI MONTEE DEVANT OSSATURE :EP20cm

RAIDISSEUR HORIZONTAUX BLOC THERMOPIERRE EN U
RAIDISSEUR VERTICAUX   BLOC THERMOPIERRE PERCE

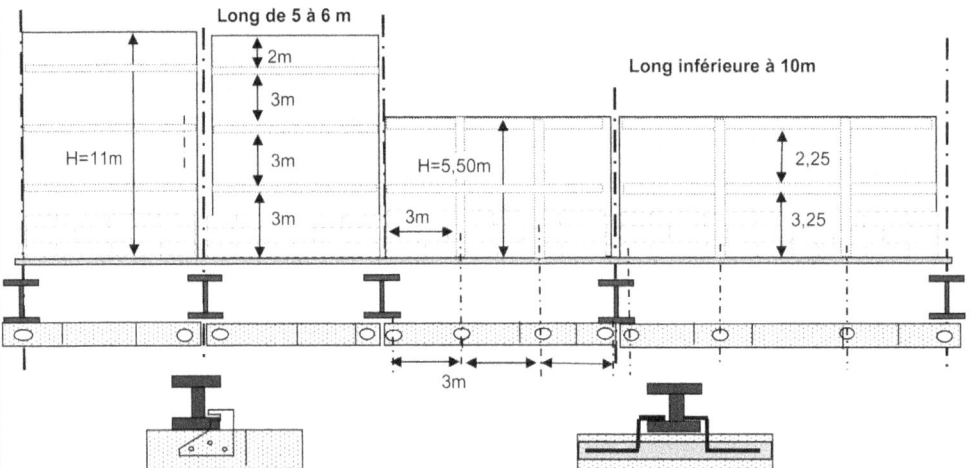

Les renseignements portés sur le présent document sont fournis dans le cadre de notre assistance technique ,Il sont donnés à titre indicatifà l'attention des professionnels du batiment à qui il appartient de   les intégrer dans leur projet.

176

3em Cas: PAROI SANS OSSATURE PRIMAIRE : EP 20 cm

RAIDISSEURS HORIZONTAUX BLOC THERMOPIERRE EN U
RAIDISSEURSVERTICAUX POTEAUX BA DE 20X20

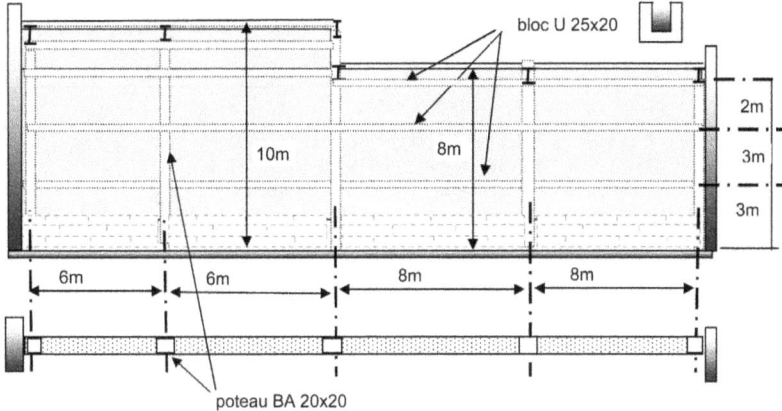

bloc U 25x20

10m   8m

2m
3m
3m

6m   6m   8m   8m

poteau BA 20x20

RAIDISSEURS HORIZONTAUX CHAINAGE BA DE 20X20
RAIDISSEURSVERTICAUX POTEAUX BA DE 20X20

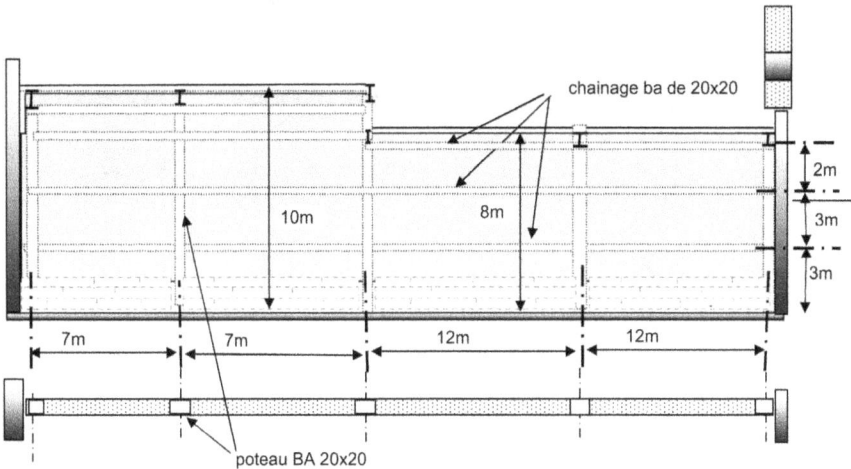

chainage ba de 20x20

10m   8m

2m
3m
3m

7m   7m   12m   12m

poteau BA 20x20

RAPPEL DES PERFORMANCES AU FEU:

MUR	BLOCS DE 15CM :	MUR COUPE FEU 6H PV CSTB N°/RS01-104
MUR	BLOCS DE 20CM:	MUR COUPE FEU 6H PV CSTB N°/RS01-105
CLOISON	CARREAUX DE 7CM :	CLOISON COUPE FEU 1H30 PV CSTB N°RS00-096
CLOISON	CARREAUX DE 10CM:	CLOISON COUPE FEU 3H PV CSTB N°RS00-097

Les renseignements portés sur le présent document sont fournis dans le cadre de notre assistence technique ,Il sont donnés à titre indicatif à l'attention des professionnels du batiment à qui il appartient de les intégrer dans leur projet.

Les informations communiquées dans les tableaux 10.7 sont données à titre indicatif et ne se substituent pas aux vérifications et contrôles réglementaires. La performance du mur dépend entre autre :

– de la performance au feu de l'ossature ;
– des matériaux utilisés (ils doivent faire l'objet de PV d'essais au feu) ;
– de la mise en œuvre.

Tab. 10.7 • *Élancement des murs coupe-feu en maçonnerie*

Murs séparatifs coupe-feu 2 heures en maçonnerie de blocs de béton cellulaire de 20 cm d'épaisseur				
Typologie	**Type de montage**	**Distance entre poteaux/ Hauteur maçonnerie**	**Chaînages horiz. Nbre/position**	**Chaînages vert. Nbre/position par rapport au 1er poteau**
Bât. fermé, vent zones 1 et 2	Entre poteaux de l'ossature béton ou acier (*)	Dist. : 5-6 m Haut. : 11 m	Nbre : 3 Hauteur : 3 m, 6 m, 9 m	Néant
		6 m < Dist. ≤ 10 m Haut. : 5,5 m	Nbre : 2 Hauteur : 3,25 et 5,50 m	Nbre : 2 Dist. : 3 m et 6 m
	Devant ossature béton ou acier (*)	Dist. : 5-6 m Haut. : 11 m	Nbre : 3 Hauteur : 3 m, 6 m, 9 m	Nbre : 2 En face de chaque poteau
		6 m < Dist. ≤ 10 m Haut. : 5,5 m	Nbre : 2 Hauteur : 3,25 et 5,50 m	Nbre : 4 Dist. : 3 m, 6 m et en face de chaque poteau
	Sans ossature primaire (**)	Dist. : 6 m Haut. : 10 m	Nbre : 4 Hauteur : 3 m, 6 m, 9 m et 10 m	Nbre : 2 À chaque extrémité
		Dist. : 8 m Haut. : 8 m	Nbre : 3 Hauteur : 3 m, 6 m et 8 m	Nbre : 2 À chaque extrémité
	Sans ossature primaire (***)	Dist. : 7 m Haut. : 10 m	Nbre : 4 Hauteur : 3 m, 6 m, 9 m et 10 m	Nbre : 2 À chaque extrémité
		Dist. : 12 m Haut. : 8 m	Nbre : 3 Hauteur : 3 m, 6 m et 8 m	Nbre : 2 À chaque extrémité

(*) Chaînages horizontaux et verticaux coulés respectivement dans des blocs U et des blocs percés en béton cellulaire.
(**) Chaînages horizontaux coulés dans des blocs U et poteaux en béton armé de 20 × 20 coffrés et coulés sur place sur 2 appuis.
(***) Chaînages horizontaux et poteaux en béton armé de 20 × 20 coffrés et coulés sur place sur 2 appuis.

Murs séparatif coupe feu 2 heures en maçonnerie de blocs de béton cellulaire de 15 cm d'épaisseur				
Typologie	**Type de montage**	**Distance entre poteaux/ Hauteur maçonnerie**	**Chaînages horiz. Nbre/position**	**Chaînages vert. Nbre/position par rapport au 1er poteau**
Bât. fermé, vent zones 1 et 2	Entre poteaux de l'ossature béton ou acier (1)	Dist. : 5 m Haut. : 5,5 m	Nbre : 2 Hauteur : 3 m et 5,5 m	Nbre : 1 Dist. : 3 m

(1) Chaînages horizontaux et verticaux coulés respectivement dans des blocs U et des blocs percés en béton cellulaire.

CHAPITRE 11

DONNÉES DE BASE

1. Synthèse des valeurs caractéristiques mécaniques pour des blocs standards

| Ép. du mur en cm | M_{vn} | Eurocode 6 | | | | | | DTU 20.1 | |
		f_b	f_k	f_d	e_i	i	N_{rd}	C_c	C_{ex}
20	400	4,27	3,44	2,02	$K + h_{ef}/450$	$1 - 10e_i$	$0,404\,(1 - 10e_i)$	0,6	0,46
	500	5,7	4,39	2,58			$0,516\,(1 - 10e_i)$	0,8	0,61
25	400	3,93	4,20	2,47		$1 - 8e_i$	$0,617\,(1 - 8e_i)$	0,6	0,46
	500	5,24	4,09	2,41			$0,602\,(1 - 8e_i)$	0,8	0,61
30	400	3,93	4,20	2,47		$1 - 6,7e_i$	$0,617\,(1 - 6,7e_i)$	0,6	0,46
	500	5,24	4,09	2,41			$0,602\,(1 - 6,7e_i)$	0,8	0,61

Note

On prendra en règle générale K = 25 mm, K correspondant à la somme de l'excentricité due aux forces horizontales ($\approx$ 5 mm) et de l'excentricité due aux charges en appui ($\approx$ 20 mm).

2. Coefficient ρ

| Hauteur d'étage en m | Eurocode 6 | | | | | | |
| | Distance entre axes des murs raidisseurs (m) | | | | | | |
	4,00	4,50	5,00	5,50	6,00	6,50	7,00
2,00	0,80	0,83	0,86	0,88	0,90	0,91	0,92
2,10	0,78	0,82	0,85	0,87	0,89	0,90	0,91
2,20	0,76	0,80	0,83	0,86	0,88	0,89	0,91
2,30	0,75	0,79	0,82	0,85	0,87	0,88	0,90
2,40	0,73	0,77	0,81	0,84	0,86	0,88	0,89
2,50	0,71	0,76	0,80	0,82	0,85	0,87	0,88
2,60	0,70	0,74	0,78	0,81	0,84	0,86	0,87
2,70	0,68	0,73	0,77	0,80	0,83	0,85	0,87
2,80	0,67	0,72	0,76	0,79	0,82	0,84	0,86
2,90	0,65	0,70	0,74	0,78	0,81	0,83	0,85
3,00	0,64	0,69	0,73	0,77	0,80	0,82	0,84

Attention

On se place dans le cas de murs portés par quatre cotés, donc on utilise ρ_4 (avec une valeur ρ_2 égale à 1).

3. Élancement (DTU 20.1)

Hauteur d'étage en m	Épaisseur du mur en m		
	0,20	0,25	0,30
2,00	10	8	6,7
2,10	10,5	8,4	7
2,20	11	8,8	7,3
2,30	11,5	9,2	7,7
2,40	12	9,6	8
2,50	12,5	10	8,3
2,60	13	10,4	8,7
2,70	13,5	10,8	9
2,80	14	11,2	9,3
2,90	14,5	11,6	9,7
3,00	15	12	10

4. Résistance des maçonneries (DTU 20.1)

Maçonneries de densité M_{vn} 400 kg/m³						
Usage	Épaisseur du mur (cm)	Charge admissible (kg/ml)		Pour une hauteur (m)	Charge admissible (kg/ml)		Pour une hauteur (m)
		centrée	excentrée		centrée	excentrée	
intérieur	15	9 000	6 923	2,25	6 767	5 205	3,00
int/extérieur	20	12 000	9 231	3,00	9 023	6 940	4,00
int/extérieur	25	15 000	11 538	3,75	11 278	8 676	5,00
int/extérieur	30	18 000	13 846	4,50	13 534	10 411	6,00
int/extérieur	36,5	21 900	16 846	5,48	16 466	12 666	7,30

Maçonneries de densité M_{vn} 500 kg/m³						
Usage	Épaisseur du mur (cm)	Charge admissible (kg/ml)		Pour une hauteur (m)	Charge admissible (kg/ml)		Pour une hauteur (m)
		centrée	excentrée		centrée	excentrée	
intérieur	15	12 000	9 231	2,25	9 023	6 940	3,00
int/extérieur	20	16 000	12 308	3,00	12 030	9 254	4,00
int/exterieur	25	20 000	15 385	3,75	15 038	11 567	5,00
int/exterieur	30	24 000	18 462	4,50	18 045	13 881	6,00
int/exterieur	36,5	29 200	22 462	5,48	21 955	16 888	7,30

Maçonneries de densité M_{vn} 400 kg/m³			Maçonneries de densité M_{vn} 500 kg/m³		
Usage	Épaisseur du mur (cm)	Masse surfacique utile (kg/m²) sans enduit	Usage	Épaisseur du mur (cm)	Masse surfacique utile (kg/m²) sans enduit
intérieur	15	62	intérieur	15	78
int/exterieur	20	83	int/exterieur	20	104
int/exterieur	25	104	int/exterieur	25	130
int/exterieur	30	125	int/exterieur	30	156
int/exterieur	36,5	152	int/exterieur	36,5	209

(Note : un enduit extérieur = 20 kg/m² et un enduit intérieur = 3 à 15 kg/m² selon épaisseur)

5. Aspect thermique du petit collectif

	Ubat ref	Ubat ref – 10 %
Plancher bas	TP toute surface R = 1,7 m^2.K/W	TP toute surface R = 1,7 m^2.K/W
Murs extérieurs	U = 0,47 W/m^2.K Épaisseur = 22,5 cm	U = 0,34 W/m^2.K Épaisseur = 32,5 cm
Plafond combles	R = 4 m^2.K/W	R = 5 m^2.K/W
Vitrage	DV VIR U_w = 2,6 W/m^2.K	DV VIR U_w = 2,2 W/m^2.K

6. Aspect acoustique du petit collectif

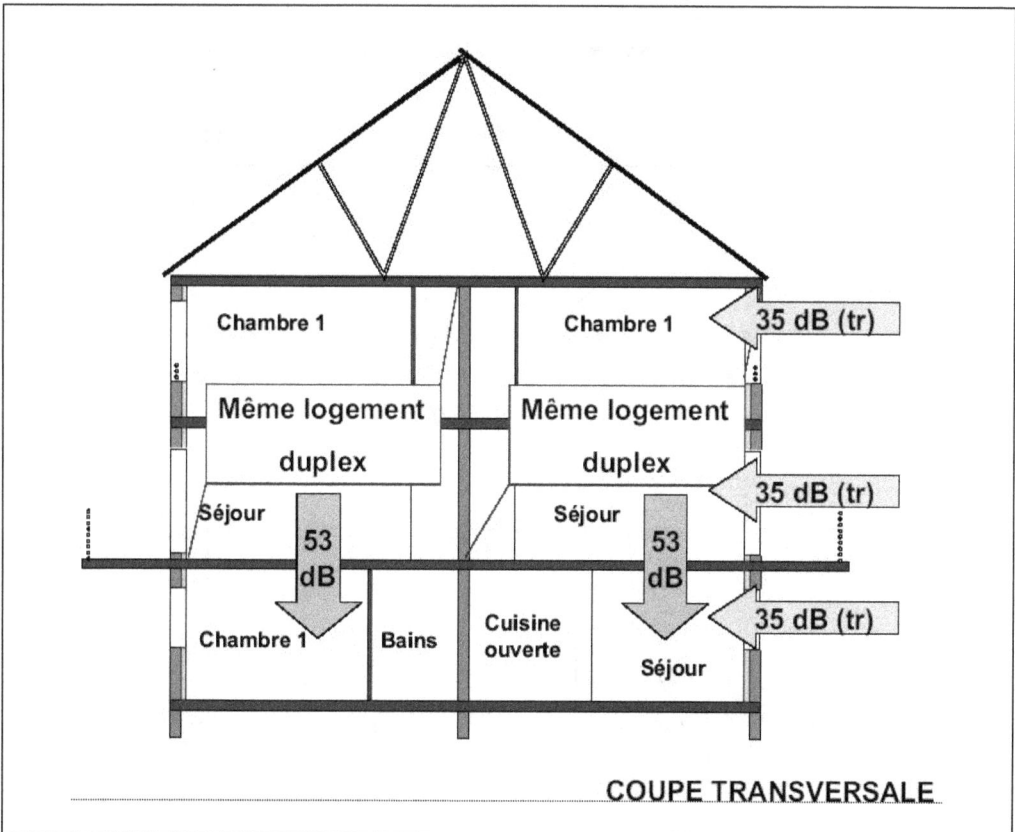

COUPE TRANSVERSALE

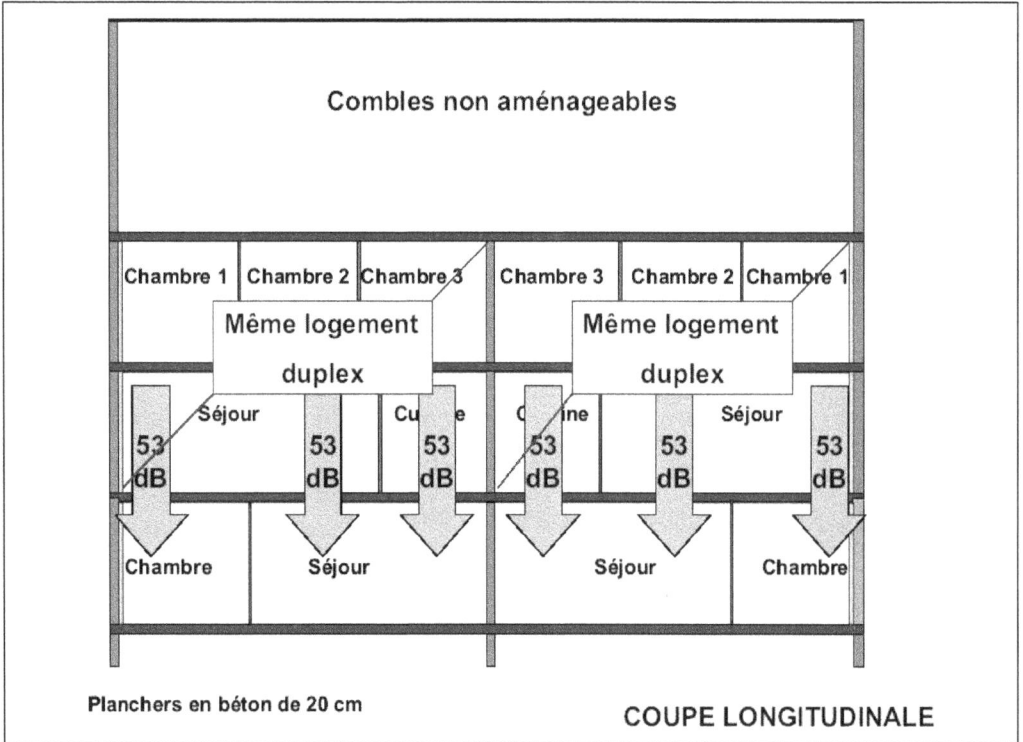

Combles non aménageables

Chambre 1 | Chambre 2 | Chambre 3 | Chambre 3 | Chambre 2 | Chambre 1

Même logement duplex

Même logement duplex

Séjour — 53 dB — Cuisine — 53 dB — Cuisine — 53 dB — Séjour

Chambre — Séjour — Séjour — Chambre

Planchers en béton de 20 cm

COUPE LONGITUDINALE

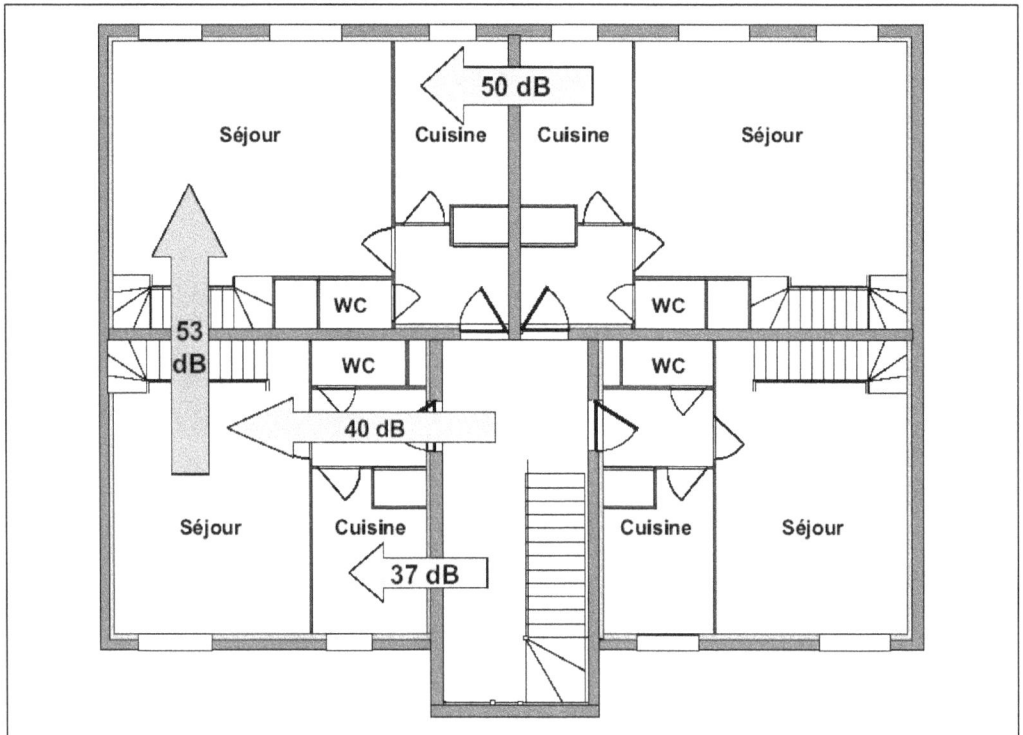

Séjour — Cuisine — 50 dB — Cuisine — Séjour

WC — WC

53 dB

WC — WC

40 dB

Séjour — Cuisine — 37 dB — Cuisine — Séjour

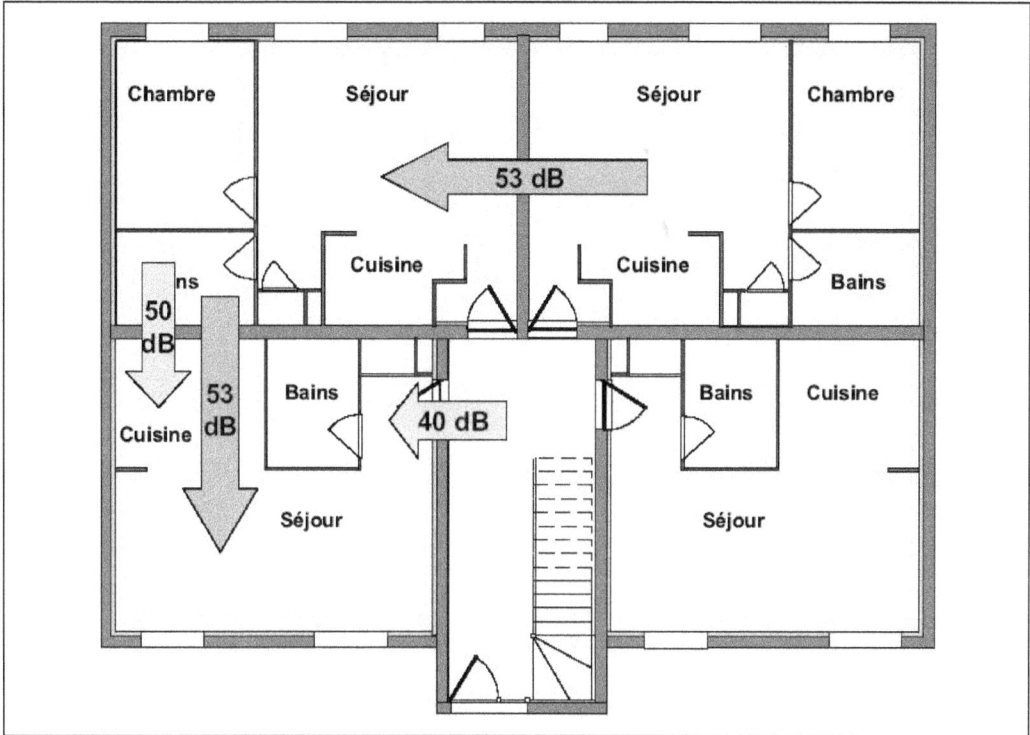

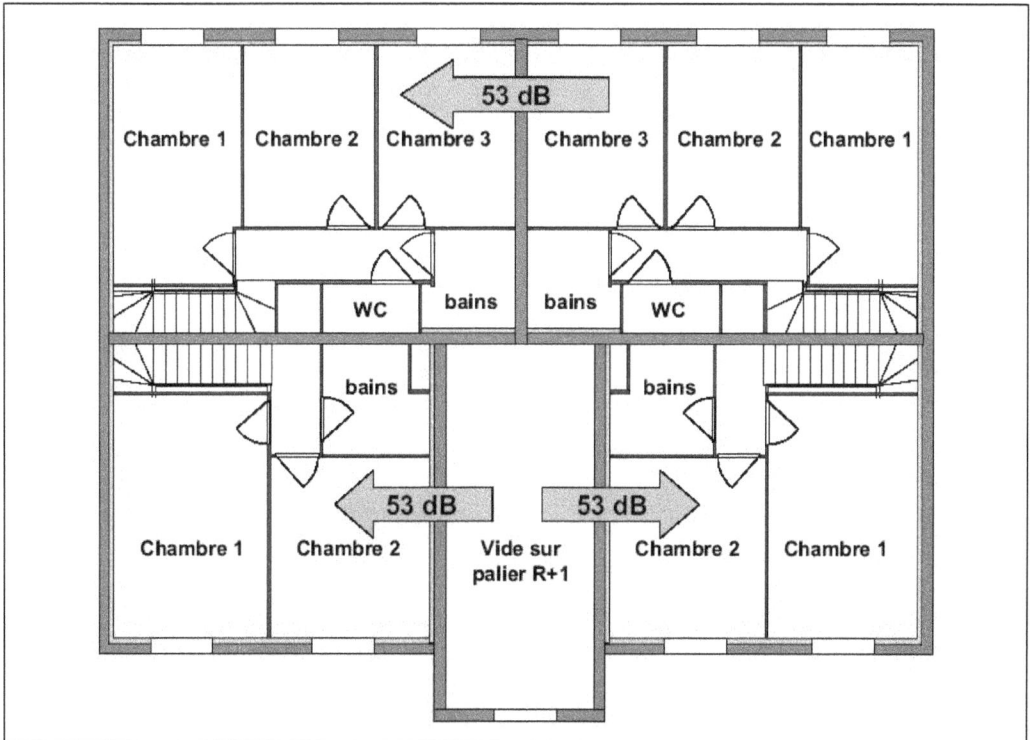

BIBLIOGRAPHIE

Liste des documents, ouvrages, normes, avis techniques, procès verbaux… cités ou utilisés pour la rédaction de cet ouvrage.

Normes

Norme	Libellé
NF P 10 202	Ouvrage en maçonnerie de petits éléments, parois et murs (DTU 20.1)
NF P 10 203	Gros œuvre en maçonnerie des toitures destinées à recevoir un revêtement d'étanchéité (DTU 20.12)
NF P 06 001	Charges exploitation des bâtiments
NF P 06 004	Charges permanentes et d'exploitation dues aux forces de pesanteur
NF P 12-024-1 et 2	Spécifications pour éléments de maçonnerie – Partie 4 Éléments de maçonnerie en béton cellulaire autoclavé + complément national
Règles NV 65	Neige et vents
NF P 71 201	Enduits intérieurs en plâtre (DTU 25.1)
NF P 15 201	Enduits au mortier de ciment, de chaux et mélange plâtre et chaux aérienne (DTU 26.1)
NF P 14 201	Dalle et chape à base de liant hydraulique (DTU 26.2)
NF P 84 204	Travaux d'étanchéité des toitures terrasses avec éléments porteurs en maçonnerie (DTU 43.1)
NF P 84 205	Étanchéité des toitures avec éléments porteurs en maçonnerie de pente > 5 % (DTU 43.2)
NF P 74 201	Travaux de peinture des bâtiments (DTU 59.1)
NF P 74 204	Mise en œuvre des papiers peints et revêtements muraux (DTU 59.4)

Avis techniques en cours de validité à la date de parution de l'ouvrage

Avis technique	Libellé	Date de validité
AT 3/99-326	Plancher XELLA Béton cellulaire (Burcht et Messel)	30/09/05
AT 5+3/88-706A	Toiture XELLA Béton cellulaire (Messel)	En cours
AT 5+3/88-711A	Toiture XELLA Béton cellulaire (Burcht)	En cours
AT 1/99-748	Maison en dalles à hauteur d'étage DMVP SIPOREX [1]	30/06/02
AT 1/99-752 AT 1/99-752*01 ADD	Bardage XELLA Béton cellulaire	30/11/06
AT 9/01-716	Cloisons de distribution CHE YTONG	30/06/04
AT 16/00-394	Blocs Thermopierre 11 XELLA	30/06/03
AT 16/01-403	Blocs JUMBO grande dimension SIPOREX	28/02/07
AT 16/02-435	Mortier colle pour maçonnerie YTOCOL	30/06/08
AT 16/02-427	Mortier colle pour maçonnerie PREOCOL	30/04/08

(1) En cours de reconduction.

188

Procès verbaux en cours de validité
à la date de parution de l'ouvrage

Procès verbal	Libellé	Date de validité [1]
PV RS00 096	Résistance au feu cloisons Carreaux en CX 7 cm d'épaisseur CF 1H30 SIPOREX	13/10/05
PV 91.32 311	Résistance au feu cloisons Carreaux 10 cm d'épaisseur CF 3H00 YTONG	10/02/07
PV RS00 097	Résistance au feu cloisons Carreaux en CX 10 cm d'épaisseur CF 3H00 SIPOREX	11/10/05
PV RS00 217	Résistance au feu cloisons hauteur d'étage CHE 7 cm d'épaisseur CF 1H30 YTONG	25/01/06
PV RS00 063	Résistance au feu cloisons hauteur d'étage CHE 10 cm d'épaisseur CF 2H00 YTONG	26/01/06
PV RS00 204	Résistance au feu dalles de bardage 15 cm d'épaisseur CF 6H00 YTONG	31/08/06
PV 97 U 040	Résistance au feu dalles de bardage 15 cm d'épaisseur CF 6H00 SIPOREX	31/01/07
PV 87.25 861	Résistance au feu murs autoporteurs en dalles horizontales 15 cm CF 6H00 d'épaisseur SIPOREX	11/07/05
PV 86.23 870	Résistance au feu Blocs 15 cm d'épaisseur CF 6H00 YTONG	23/03/07
PV RS01 104	Résistance au feu Blocs 15 cm d'épaisseur CF 6H00 SIPOREX	28/11/06
PV RS01 105	Résistance au feu Blocs 20 cm d'épaisseur CF 6H00 SIPOREX	05/12/06
PV 86.23 871	Résistance au feu dalles de toiture 15 cm d'épaisseur CF 2H00 YTONG	25/03/07

(1) Certains essais réalisés selon les normes européennes d'essai au feu sont reconduits pour 7 ans à compter du 1er avril 2004 (arrêté du 22 mars 2004, publié au JORF le 1er avril 2004).

Mécanique

Traité de physique du bâtiment (Tome 2 – « Mécanique des ouvrages ») – CSTB
DAN-ENV 1996-1
DTU 20.1

Acoustique

Dossier acoustique Siporex
CERIB actualités N° 59 décembre 2002 : _Réglementation acoustique_
NRA les arrêtés du 28 octobre 1994
Le Moniteur N° 5194 13 juin 2003 : _Textes officiels et documents professionnels_
Cahiers du CSTB N° 190 juin 1978 : _Comportement acoustique des parois en béton léger_
Règles de calcul acoustique HEBEL
Acoustique Réglementation : _Les nouveaux indices_

Sismique

NFP 06-014 : généralités, conception, exécution

Règles de calcul sismique – Hebel : dispositions constructives

Gros œuvre de maison parasismique – additif à l'avis technique 1/92-651 : dossier technique et détails constructifs

Environnement, toxicologie, santé, sécurité

Certificat Z.HEB101, émis par la commission des entreprises pour produits de construction favorables à l'environnement.

Porenbeton Handbook, section 1.2.

Liens Internet

CERIB – Centre d'études et de recherche de l'industrie du bâtiment : www.cerib.fr

CSTB – Centre scientifique et technique du bâtiment : www.cstb.fr

CEN – Centre européen de normalisation : www.cenorm.be

AFNOR – Agence française de normalisation : www.afnor.fr

www.ingramcontent.com/pod-product-compliance
Lightning Source LLC
Chambersburg PA
CBHW081523220326
41598CB00036B/6307